Erwin Dee Kord (Hrsg.)

Arceuthobium laricis

Erwin Dee Kord (Hrsg.)

Arceuthobium laricis

Westamerikanische Lärche, Diözie, Frucht, Okoubaka aubrevillei

Solv

Contents

Articles

References

Arceuthobium laricis

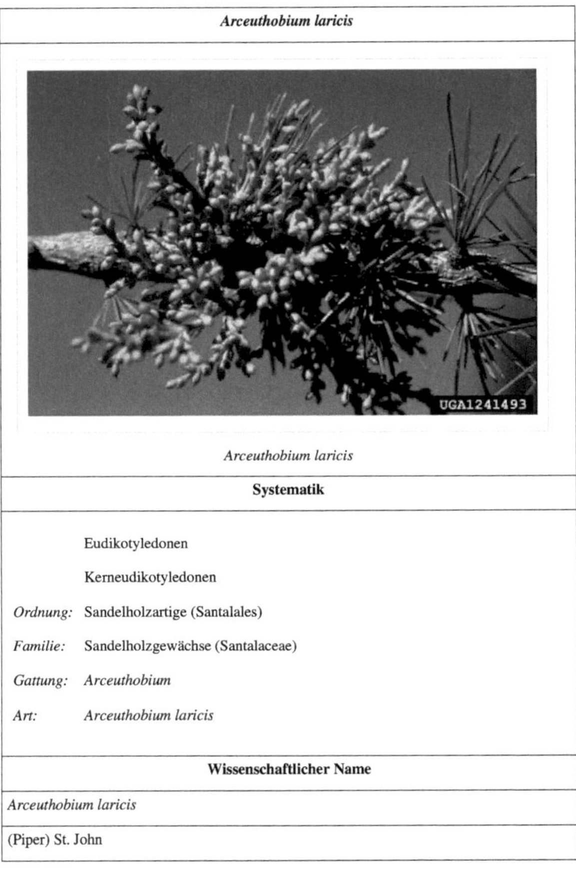

<table>
<tr><td colspan="2" align="center">*Arceuthobium laricis*</td></tr>
<tr><td colspan="2" align="center">*Arceuthobium laricis*</td></tr>
<tr><td colspan="2" align="center">**Systematik**</td></tr>
<tr><td></td><td>Eudikotyledonen</td></tr>
<tr><td></td><td>Kerneudikotyledonen</td></tr>
<tr><td>*Ordnung:*</td><td>Sandelholzartige (Santalales)</td></tr>
<tr><td>*Familie:*</td><td>Sandelholzgewächse (Santalaceae)</td></tr>
<tr><td>*Gattung:*</td><td>*Arceuthobium*</td></tr>
<tr><td>*Art:*</td><td>*Arceuthobium laricis*</td></tr>
<tr><td colspan="2" align="center">**Wissenschaftlicher Name**</td></tr>
<tr><td colspan="2">*Arceuthobium laricis*</td></tr>
<tr><td colspan="2">(Piper) St. John</td></tr>
</table>

Arceuthobium laricis ist eine Pflanzenart aus der Gattung *Arceuthobium* in der Familie der Sandelholzgewächse (Santalaceae). Es ist eine parasitische Pflanze, die hauptsächlich die im westlichen Nordamerika heimische Westamerikanische Lärche (*Larix occidentalis*) befällt.

Beschreibung

Wie für Vertreter der Gattung typisch besitzt die Pflanze sehr reduzierte Triebe und Blätter. Der größte Teil der Pflanze lebt unter der Rinde der Wirtspflanze verborgen. Die sichtbaren Pflanzensprosse sind blattlos und hellbraun bis dunkelpurpur gefärbt; sie werden 5 bis 10 Zentimeter groß. Die Sprosse besitzen etwas Chlorophyll und betreiben in geringem Umfang Photosynthese; die Pflanze ist jedoch auf Wasser und Nährstoffe der Wirtspflanze angewiesen.

Die Pflanze ist zweihäusig (diözisch), es gibt also männliche und weibliche Pflanzenexemplare. Die Blütezeit ist im Juli bis August. Die Bestäubung wird durch Insekten und durch den Wind gewährleistet. Die Reifezeit der Früchte beträgt etwa 13 bis 14 Monate ab der Bestäubung. Jede reife Frucht enthält nur einen etwa 2 mm großen Samen; auf dem einzelnen Spross entwickeln sich jedoch mehrere Früchte gleichzeitig. Die reifen Samen werden mit hoher Geschwindigkeit von der Pflanze weggeschleudert. Die meisten Samen landen etwa 3 bis 5 Meter vom Entstehungsort entfernt, einzelne überwinden jedoch 13 bis 15 Meter. Eine klebrige hygroskopische Samenhülle bewirkt, dass fallende Samen an Hindernissen haften bleiben. Die meisten Samen landen auf der Benadelung der Wirtsbäume. Die Samenhülle wirkt wie ein Gleitmittel; die Samen rutschen langsam ab und bleiben oftmals auf der Rinde an der Basis der Nadelrosette liegen. Die Samenhülle trocknet und fixiert den Samen an seinem Ort; wo der Samen überwintert. Die meisten Samen gehen durch Insekten und Pilze, aber auch durch die Einwirkung von Regen und Schnee verloren. Nur ein Bruchteil der Samen überdauert den Winter und verursacht eine neue Infektion einer Wirtspflanze. Die Samen keimen im zeitigen Frühjahr. Die jungen Wurzelsprosse wachsen entlang der Rinde, bis sie auf eine mögliche Eintrittsstelle, meist eine Nadelrosette, treffen. Die meisten erfolgreichen Infektionen finden an ein- bis fünfjährigen Zweigen statt; bei älteren Zweigen bietet die dickere Rinde des Wirtsbaumes bereits besseren Schutz. Zwei bis drei Jahre nach der Infektion entwickeln sich die sichtbaren Sprosse. Der Lebenszyklus von der Keimung bis zum Auswurf der ersten Samen dauert etwa 4 bis 5 Jahre.

Verbreitung

Das Verbreitungsgebiet der *Arceuthobium laricis* ist praktisch identisch mit dem ihrer hauptsächlichen Wirtspflanze, der Westamerikanischen Lärche. Die Vorkommen liegen im kanadischen Britisch-Kolumbien sowie in den US-Bundesstaaten Oregon, Washington, Idaho und Montana.

Ökologie

Waldbrände sind ein natürliches Regulativ; sie können die Population der *Arceuthobium laricis* deutlich eindämmen. Mehrere Arten von Insekten und Pilzen, darunter die Art *Cylindrocarpon gillii* können den Parasiten ebenfalls schädigen.

Systematik

Die gültige Erstbeschreibung stammt vom US-amerikanischen Botaniker Harold St. John.[1]

Wirtspflanzen und forstwirtschaftliche Bedeutung

Die bevorzugte Wirtspflanze der *Arceuthobium laricis* ist die Westamerikanische Lärche. Daneben wird vor allem in den Bitterroot Mountains im nördlichen Idaho und im westlichen Montana die Berg-Hemlocktanne (*Tsuga mertensiana*) befallen. Die Unterart *Pinus contorta* subsp. *latifolia* der Drehkiefer wird dort, wo sie gemeinsam mit der Westamerikanischen Lärche wächst, häufig befallen. Manchmal siedelt *Arceuthobium laricis* auch auf der Felsengebirgstanne (*Abies lasiocarpa*), der Gelbkiefer (*Pinus ponderosa*) und der Purpurtanne (*Abies amabilis*). Selten werden auch die Küstentanne (*Abies grandis*), die Engelmann-Fichte (*Picea engelmannii*), die Westliche Weymouths-Kiefer (*Pinus monticola*) und die Westamerikanische Hemlocktanne (*Tsuga heterophylla*) befallen. Die

Douglasie (*Pseudotsuga menziesii*) dagegen ist immun gegen den Befall durch *Arceuthobium laricis*.

Diese Art gilt in ihrem Verbreitungsgebiet als ein bedeutsamer Forstschädling, der wirtschaftlich großen Schaden vor allem an den Forstbeständen der Westamerikanischen Lärche anrichtet. Befallene Bäume zeigen verkrüppelten Wuchs (Hexenbesen), außerdem werden sie oft zusätzlich von anderen Baumkrankheiten befallen.

Quellen und weiterführende Informationen

Einzelreferenzen

[1] Siehe den Eintrag bei GRIN Taxonomy for Plants (http://www.ars-grin.gov/cgi-bin/npgs/html/taxon.pl?417474), den Eintrag bei USDA (http://plants.usda.gov/java/profile?symbol=ARLA11) und den Eintrag bei ITIS (http://www.itis.gov/servlet/SingleRpt/ SingleRpt?search_topic=TSN&search_value=27893).

Literatur

- Jerome S. Beatty, Gregory M. Filip und Robert L. Mathiason: *Larch Dwarf Mistletoe.* In: *Forest Insect & Disease Leaflet.* 169, 1997 (online (http://www.fs.fed.us/r6/nr/fid/fidls/fidl169.htm)).

Weblinks

- Bilder bei *forestryimages.org* (http://www.forestryimages.org/browse/subimages.cfm?SUB=611) (engl.)
- Datenblatt bei *www.fs.fed.us* (http://www.fs.fed.us/r6/nr/fid/mgmtnote/larchdm.pdf) (engl.)

Zwergmisteln

<table>
<tr><td colspan="2" align="center">Zwergmisteln</td></tr>
<tr><td colspan="2">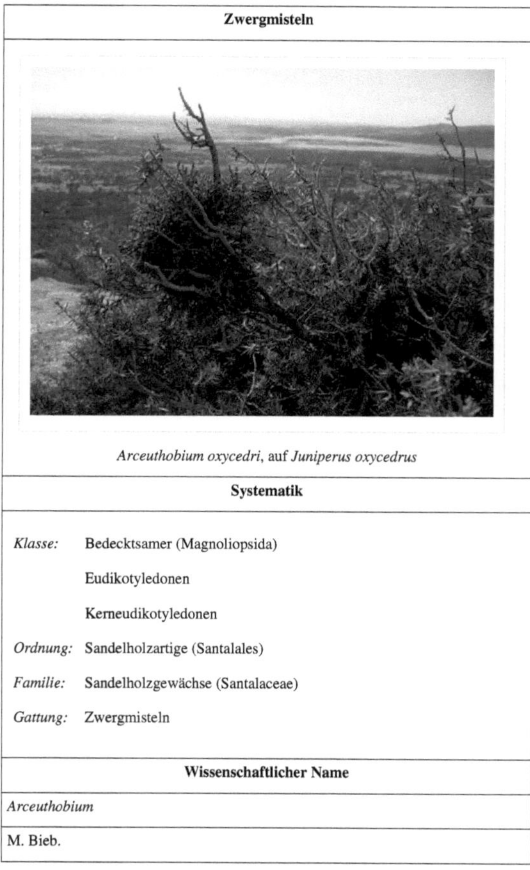</td></tr>
<tr><td colspan="2" align="center">Arceuthobium oxycedri, auf Juniperus oxycedrus</td></tr>
<tr><td colspan="2" align="center">Systematik</td></tr>
<tr><td>Klasse:</td><td>Bedecktsamer (Magnoliopsida)</td></tr>
<tr><td></td><td>Eudikotyledonen</td></tr>
<tr><td></td><td>Kerneudikotyledonen</td></tr>
<tr><td>Ordnung:</td><td>Sandelholzartige (Santalales)</td></tr>
<tr><td>Familie:</td><td>Sandelholzgewächse (Santalaceae)</td></tr>
<tr><td>Gattung:</td><td>Zwergmisteln</td></tr>
<tr><td colspan="2" align="center">Wissenschaftlicher Name</td></tr>
<tr><td colspan="2">Arceuthobium</td></tr>
<tr><td colspan="2">M. Bieb.</td></tr>
</table>

Die **Zwergmisteln** (*Arceuthobium*) sind eine Pflanzengattung aus der Familie der Sandelholzgewächse (Santalaceae). Es sind parasitische Pflanzen, die auf Kieferngewächsen (Pinaceae) und Zypressengewächsen (Cupressaceae) wachsen.

Verbreitung

Die Vertreter der Gattung sind in Nord- und Mittelamerika, Afrika und Asien verbreitet. Die meisten Arten sind in Nordamerika heimisch.

Beschreibung

Die Arten dieser Gattung besitzen sehr reduzierte Triebe und Blätter. Der größte Teil der Pflanze lebt unter der Rinde der Wirtspflanze verborgen. Die Blätter sind meist zu Schuppen reduziert. Die sichtbaren Pflanzensprosse werden je nach Art 1 cm bis 90 cm groß. Bei der kleinsten Art *Arceuthobium minutissimum* sind sie lediglich 1 cm groß; diese in Asien heimische Art lebt auf der Tränenkiefer (*Pinus wallichiana*). Beim größten Vertreter der

Gattung, *Arceuthobium globosum* subsp. *grandicaule*, werden sie 90 cm groß.

Die Pflanzen sind zweihäusig (diözisch), es gibt also männliche und weibliche Pflanzenexemplare. Die reifen Früchte bauen im Inneren einen hydrostatischen Druck auf. Wenn sich dieser Druck entlädt, werden die Samen mit hoher Geschwindigkeit von der Pflanze weggeschleudert.

Systematik

In der Gattung werden 42 Arten unterschieden. Die größte Artenvielfalt zeigt die Gattung in Amerika; 34 Arten sind in Nordamerika heimisch. Hier eine Artenauswahl:[1]

- *Arceuthobium abietinum* Engelm. ex Munz
- *Arceuthobium americanum* Nutt. ex Engelm.
- *Arceuthobium apachecum* Hawksworth & Wiens
- *Arceuthobium blumeri* A. Nels.
- *Arceuthobium californicum* Hawksworth & Wiens
- *Arceuthobium campylopodum* Engelm.
- *Arceuthobium cyanocarpum* (A. Nels. ex Rydb.) A. Nels.
- *Arceuthobium divaricatum* Engelm.
- *Arceuthobium douglasii* Engelm.
- *Arceuthobium gillii* Hawksworth & Wiens
- *Arceuthobium globosum* Hawksw. & Wiens
- *Arceuthobium laricis* (Piper) St. John
- *Arceuthobium littorum* Hawksworth, Wiens & Nickrent
- *Arceuthobium microcarpum* (Engelm.) Hawksworth & Wiens
- *Arceuthobium minutissimum*
- *Arceuthobium monticola* Hawksworth, Wiens & Nickrent
- *Arceuthobium occidentale* Engelm.
- *Arceuthobium oxycedri*
- *Arceuthobium pusillum* Peck
- *Arceuthobium siskiyouense* Hawksworth, Wiens & Nickrent
- *Arceuthobium tsugense* (Rosendahl) G.N. Jones
- *Arceuthobium vaginatum* (Humb. & Bonpl. ex Willd.) J. Presl (Syn. *Viscum vaginatum* Humb. & Bonpl. ex Willd.)

Forstwirtschaftliche Bedeutung

Vertreter dieser Gattung sind die Forstschädlinge, die den wirtschaftlich größten Schaden an forstlich bedeutsamen Nadelbaumarten in Nord- und Mittelamerika anrichten. Befallene Nadelbäume, vor allem Fichten, Kiefern und Tannen, zeigen verkrüppelten Wuchs, außerdem werden sie oft zusätzlich von anderen Baumkrankheiten befallen.

Literatur

- Daniel L. Nickrent, Miguel A. García, Maria P. Martín und Robert L. Mathiasen: *A phylogeny of all species of Arceuthobium (Viscaceae) using nuclear and chloroplast DNA sequences.* In: *American Journal of Botany.* 91, 2004, S. 125–138 (online [2]).

Weblinks

- Bild [3] und weiteres Bild [4] von *Arceuthobium campylopodum*
- Weitere Bilder bei *calphotos.berkeley.edu* [5] (engl.)

Einzelreferenzen

[1] Siehe Artenliste bei GRIN Taxonomy for Plants (http://www.ars-grin.gov/cgi-bin/npgs/html/splist.pl?907) sowie Eintrag bei *forestryimages.org* (http://www.forestryimages.org/browse/genus.cfm?id=Arceuthobium) und den Eintrag bei ITIS (http://www.itis.gov/servlet/SingleRpt/SingleRpt?search_topic=TSN&search_value=27886).

[2] http://www.amjbot.org/cgi/content/full/91/1/125

[3] http://www.parasiticplants.siu.edu/Viscaceae/images/CAM.male.JPEG

[4] http://www.parasiticplants.siu.edu/Viscaceae/images/TSU.shorepine.JPEG

[5] http://calphotos.berkeley.edu/cgi/img_query?where-genre=Plant&rel-namesoup=like&where-namesoup=Arceuthobium

Sandelholzgewächse

Sandelholzgewächse

Sandelholz-Baum (*Santalum album*), Illustration.

Systematik

Unterabteilung:	Samenpflanzen (Spermatophytina)
Klasse:	Bedecktsamer (Magnoliopsida)
	Eudikotyledonen
	Kerneudikotyledonen
Ordnung:	Sandelholzartige (Santalales)
Familie:	Sandelholzgewächse

Wissenschaftlicher Name

Santalaceae

R.Br.

Die **Sandelholzgewächse** (Santalaceae) sind eine Familie der Bedecktsamigen Pflanzen (Magnoliopsida). Der Sandelholzbaum (*Santalum album*) liefert Sandelholz und Sandelholzöl. Bekannt sind auch die halbparasitischen Misteln (*Viscum*).

Verbreitung

Sie kommt weltweit, außerhalb kalter Gebiete vor. Besonders artenreich ist die Familie in den Tropen.

Beschreibung

Es sind meist verholzende Pflanzen: meistens Sträucher, selten Bäume; oder es sind parasitische krautige Pflanzen. Die Laubblätter sind meistens wechselständig. Nebenblätter sind keine vorhanden.

Sie sind meistens zweihäusig (diözisch), selten einhäusig (monözisch) getrenntgeschlechtig. Die sehr kleinen, radiärsymmetrischen Blüten sind zwittrig oder eingeschlechtig und sind drei- bis sechszählig (selten achtzählig). Es sind meistens drei, selten zwei, vier oder fünf, Fruchtblätter vorhanden. Der Fruchtknoten ist unterständig. Es werden Beeren, einsamige Steinfrüchte oder Nüsse gebildet.

Systematik

Die Familie enthält etwa 38 bis 44 Gattungen mit etwa (400 bis) 990 Arten.

• *Acanthosyris*	• *Kunkeliella*
• *Amphorogyne*	• *Leptomeria*
• *Antholobus*	• *Mida*
• *Arceuthobium*: Mit 42 Arten.	• *Myoschilos*
• *Buckleya*	• *Nanodea*
• *Cervantesia*	• *Nestronia*
• *Choretrum*	• *Notothixos*
• *Cladomyza*	• *Okoubaka*
• *Colpoon*	• *Omphacomeria*
• *Comandra*	• *Osyridocarpos*
• *Daenikera*	• Rutensträucher (*Osyris*)
• *Dendromyza*	• *Phacellaria*
• *Dendrophthora*: Mit 65 Arten.	• *Phoradendron*: Mit 235 Arten.
• *Dendrotrophe*	• *Pyrularia*
• *Dufrenoya*	• *Rhoiacarpos*
• *Elaphanthera*	• Sandelholzbäume (*Santalum*)
• *Exocarpos*	• *Scleropyrum*
• *Geocaulon*	• *Spirogardnera*
• *Ginalloa*	• *Thesidium*
• *Jodina*: Mit der einzigen Art: • *Jodina rhombifolia* Hook. et Arn.	• Leinblatt (*Thesium*): Mit 325 Arten.
• *Korthalsella*	• Misteln (*Viscum*): Mit 65 Arten.

Die Familie Santalaceae enthält heute alle Taxa der ehemaligen Familien der Anthobolaceae, Arceuthobiaceae, Canopodaceae, Eremolepidaceae, Lepidocerataceae, Exocarpaceae, Bifariaceae, Ginalloaceae, Osyridaceae, Phoradendraceae, Thesiaceae und Mistelgewächse (Viscaceae).

Quellen

- Die Familie der Santalaceae [1] bei der APWebsite [2] (engl.)
- Die Familie der Santalaceae [3] bei DELTA von L.Watson and M.J.Dallwitz. [4]
- Die Familie der Santalaceae bei Parasitische Pflanzen. [5]

Literatur

- Daniel L. Nickrent & Lytton J. Musselman: *Introduction to Parasitic Flowering Plants*. In: *The Plant Health Instructor*, 2004. DOI: 10.1094/PHI-I-2004-0330-01 [6]

References

[1] http://www.mobot.org/MOBOT/Research/APweb/orders/santalalesweb2.htm#Santalaceae

[2] http://www.mobot.org/MOBOT/Research/APweb/welcome.html

[3] http://delta-intkey.com/angio/www/santalac.htm

[4] http://delta-intkey.com/angio/

[5] http://www.parasiticplants.siu.edu/Santalaceae/index.html

[6] http://www.apsnet.org/education/IntroPlantPath/PathogenGroups/Parasiticplants/

Westamerikanische_Lärche

Westamerikanische Lärche

Westamerikanische Lärche (*Larix occidentalis*)

Systematik

Klasse:	Coniferopsida
Ordnung:	Koniferen (Coniferales)
Familie:	Kieferngewächse (Pinaceae)
Unterfamilie:	Laricoideae
Gattung:	Lärchen (*Larix*)
Art:	Westamerikanische Lärche

Wissenschaftlicher Name

Larix occidentalis

Nutt.

Die **Westamerikanische Lärche** (*Larix occidentalis*) ist eine Pflanzenart aus der Gattung der Lärchen (*Larix*) in der Familie der Kieferngewächse (Pinaceae). Diese im westlichen Nordamerika heimische Lärchenart ist die größte aller Lärchenarten; sie stellt an ihren Naturstandorten einen wichtigen Holzlieferanten dar.

Beschreibung

Junge Zapfen und Nadeln.

Habitus und Wuchs

Die Westamerikanische Lärche ist ein sommergrüner Baum; der in seiner Heimat Wuchshöhen von etwa 60 Metern bei Stammdurchmessern von bis zu 1,5 Meter erreicht. In Mitteleuropa wird sie dagegen meist nur 25 Meter hoch. Die Baumkrone ist in der Jugend schmal kegelförmig, im Alter breiter werdend. In Forstpflanzungen wird der größte Teil des Stammes astrein, was den Wert des Nutzholzes steigert. Während die Hauptäste waagrecht bis leicht aufwärts gerichtet stehen, sind die Seitenzweige oft hängend.

Zweig mit reifen Zapfen im Herbst.

Umfassende Erkenntnisse über das Wurzelsystem liegen nicht vor. Jedoch kann die Pfahlwurzel in lockeren Böden Tiefen von mehr als 2 Metern erreichen. In eher lichten Beständen reichen die Lateralwurzeln oft 6 Meter und mehr über die Kronentraufe hinaus.[1]

In den ersten zehn Lebensjahren ist die Westamerikanischen Lärche die schnellstwüchsige aller in den Nördlichen Rocky Mountains vorkommenden Nadelbaumarten.[2]

Rinde und Blätter

Die purpurgraue Borke des Stammes bildet tiefe und weite Risse; die stehenbleibenden Streifen sind schuppig gerandet. Mit ihrer sehr dicken Borke schützt sich der Baum vor Schäden durch Waldbrände; an älteren Bäumen wird die Rinde bis 15 cm dick. Die Rinde der dicken Zweige ist hell orangebraun. Die Rinde junger Zweige ist zunächst noch behaart, verliert die Behaarung jedoch bereits im Verlauf des ersten Jahres fast völlig.

Die Knospen sind dunkelbraun. Die dünnen nadelförmigen Blätter sind 3 bis 5 cm lang und beiderseits hell grasgrün. Sie sind etwa 0,6 bis 0,8 mm breit und stehen zu 15 bis 30 in rosettenförmigen Büscheln. Im Herbst färben sich die Nadeln hellgelb, bevor sie abfallen.

Zapfen und Samen, Genetik

Die Westamerikanische Lärche ist einhäusig getrenntgeschlechtig (monözisch), trägt also männliche und weibliche Zapfen am gleichen Baum. Der Pollen misst 71 bis 84 μm im Durchmesser. Die weiblichen Zapfen sind eiförmig bis zylindrisch; sie sind purpurfarben und 2 bis 4 cm lang. Der einzelne Zapfen trägt etwa 40 bis 80 Zapfenschuppen, die im Sommer gelb- bis orangefarben sind. Die Zapfenschuppen sind lang vorragend mit abstehenden oder zurückgeschlagenen Spitzen. Zur Reifezeit im Herbst und im frühen Winter verfärben sich die Zapfen braun und entlassen etwa 75 bis 80 Samen, wovon die Hälfte nicht voll entwickelt sind.[1] Die abgestorbenen Zapfen bleiben oft noch jahrelang am Baum hängen und sind dann dunkelgrau. Bereits in einem Alter von nur acht Jahren setzt eine spärliche Samenproduktion ein; ab einem Alter von etwa 25 Jahren kommen alle drei bis sechs Jahre Vollmasten vor.

Die rotbraunen Samen sind etwa 3 mm groß, zusammen mit dem Flügel sind sie knapp 1 cm lang. Die Tausendkornmasse beträgt etwa 2,7 g. Wie bei allen Lärchen erfolgt die Verbreitung der geflügelten Samen durch den Wind (Anemochorie); Weiten von bis zu 250 m können so erreicht werden. Winterkälte bzw. Stratifikation erhöhen die Keimrate deutlich[1].

Die Samen der Westamerikanischen Lärche keimen epigäisch. An den Naturstandorten findet die Keimung zur Zeit der Schneeschmelze (Ende April bis Anfang Juni) statt, meist 1 bis 2 Wochen früher als bei wichtigen konkurrierenden Baumarten. Der Sämling erreicht im ersten Jahr eine Höhe von etwa 5 Zentimetern.[2]

Die Chromosomenzahl der Westamerikanischen Lärche beträgt 2n = 24.

Verbreitung und Standort

Die Westamerikanische Lärche ist nahe der Westküste Nordamerikas im kanadischen Britisch-Kolumbien sowie in den US-Bundesstaaten Oregon, Washington, Idaho und Montana heimisch. Sie wächst dort in Höhenlagen von 500 bis 2200 m. Besonders zahlreich sind die Vorkommen im östlichen Kaskadengebirge in Washington sowie in den Blue Mountains (Washington und Oregon).

In Mitteleuropa ist sie sehr selten gepflanzt und wohl nur in größeren Sammlungen zu finden.

Die Westamerikanische Lärche ist winterhart und verträgt Kälte bis etwa −50 °C. Sie bevorzugt feuchte, aber nicht staunasse Böden, gedeiht aber auch auf trockeneren Standorten. Sie ist extrem lichtbedürftig; jede Lichtkonkurrenz ist schädlich. Natürliche Verjüngung erfolgt eben aus diesem Grund nicht im Schatten.[1]

Entdeckung und Taxonomie

Aus europäischer Sicht wurde die Westamerikanische Lärche erstmals von Meriwether Lewis und William Clark auf ihrer von 1803 bis 1806 dauernden Expedition durch das westliche Nordamerika, der Lewis-und-Clark-Expedition, entdeckt. Lewis und Clark beschrieben die von ihnen entdeckte Lärche 1806, sahen sie jedoch noch nicht als eigene Art an. Erst der englische Botaniker Thomas Nuttall stufte sie 1849 als eigene Art *Larix occidentalis* ein und ist damit der Autor der heute gültigen Erstbeschreibung.[3]

Nutzung

Das Holz der Westamerikanischen Lärche ist hart und witterungsbeständig. Es ist relativ geradfaserig mit einem strohfarbenen Splint und einem kastanienbraunen Farbkern. Das Holz ist nur wenig spröde, lässt sich leicht spalten und hat eine ölige wirkende Oberfläche. Die Rohdichte von frischem Holz beträgt etwa 0,5 g/cm³.[1] In Nordamerika ist es ein begehrtes Holz für den Bau von Yachten; daneben wird es unter anderem als Bauholz, für Eisenbahnschwellen und Zäune, aber auch als Brennholz verwendet.

Das Harz des Baumes härtet an der Luft und ist zuckerhaltig; einheimische Indianer haben es wie Kaugummi verwendet. Heute wird aus dem Baumharz „venezianisches Terpentin" gewonnen.

Größte Exemplare

Das höchste stehende Exemplar mit einer Höhe von 58,5 m und einem Stammdurchmesser von 1,38 m (Stand 2000) steht im Umatilla National Forest in Oregon. Das Exemplar mit dem größten Stammvolumen von 83 m³ ist der *Seeley Lake Giant* im Lolo National Forest (Nähe Paxton Camp) in Montana; dieser Baum ist 49,4 m hoch bei einem Stammdurchmesser von 2,21 m.[4]

Das älteste Exemplar soll gemäß einer Baumringzählung an einem Baumstumpf nahe Cranbrook in British Columbia gestanden und ein Alter von 920 Jahren aufgewiesen haben.[5]

Das vermutlich größte aller in Großbritannien gepflanzten Exemplare steht in Kyloe Woods, Northumberland und hat bislang eine Wuchshöhe von 33 Metern erreicht.[6]

Krankheiten und Schädlinge

Der aus forstwirtschaftlicher Sicht schädlichste Baumschmarotzer auf der Westamerikanischen Lärche ist die parasitische Pflanze *Arceuthobium laricis* (englisch „Larch dwarf mistletoe") aus der Gattung *Arceuthobium* in der Familie der Sandelholzgewächse, eine

Das vermutlich größte Exemplar in Großbritannien misst 33 Meter.

relativ nahe Verwandte der Misteln. Sie kann bereits junge Bäume im Alter von 3 bis 7 Jahren befallen und schädigt diese unter anderem durch Abtöten der Baumspitze, aber auch durch die Begünstigung des Eintritts anderer Baumkrankheiten und Insekten. Die Früchte dieser Baumschmarotzerart werden mit hoher Geschwindigkeit ausgeworfen und können dadurch bis zu 14 Meter weit weg vom befallenen Baum landen. Dieser Parasit kommt in etwa 80 % der natürlichen Bestände vor. Folge ist unter anderem ein erheblicher Zuwachsrückgang sowie Hexenbesen.[1]

Bedeutende Baumkrankheiten der Westamerikanischen Lärche sind der vorzeitige Nadelabwurf, verursacht durch die Pilzarten *Hypodermella laricis*[7] und durch *Fomitopsis officinalis*, einen Vertreter aus der Familie der Baumschwammartigen (Fomitopsidaceae). Ein weiterer schädlicher Pilz ist der Kiefernfeuerschwamm (*Phellinus pini*) aus der Ordnung der Borstenscheibenpilze (Hymenochaetales), im Englischen „red ring rot" genannt. Es gibt noch weitere Pilzarten wie *Encoeliopsis laricina*, die den Baum befallen, diese verursachen jedoch forstwirtschaftlich viel weniger Schäden.

Die aus Europa eingeschleppte Lärchenminiermotte (*Coleophora laricella*), die die jungen Blätter frisst, ist ein problematischer Schädling geworden. Sie wurde in den Nördlichen Rocky Mountains 1957 erstmals beobachtet und hat sich mittlerweile über praktisch alle Lärchenwälder verbreitet. Einheimische und eingeführte Parasiten halten die Lärchenminiermotte einigermaßen in Schach; der Blattfraß reduziert das Baumwachstum, verursacht aber eine nur geringe Mortalitätsrate unter den Bäumen. Auch die Schmetterlingsart *Choristoneura occidentalis* aus der Familie der Wickler (Tortricidae) ist ein bedeutender Schädling. Sie richtet hohen Schaden an, da oft der Leittrieb stark geschädigt wird.

Weitere Insekten, die die Westamerikanische Lärche schädigen, sind die *Pristiphora erichsonii* aus der Familie der Echten Blattwespen (Tenthredinidae) sowie *Zeiraphera improbana*, eine weitere Schmetterlingsart aus der Familie der Wickler (Tortricidae). Diese beiden Arten treten sporadisch auf und können dann hohen Schaden anrichten. Zu den weiteren, aber weniger gefährlichen Schädlingen zählen *Anoplonyx occidens* (englisch „western larch sawfly"), *Anoplonyx laricivorus* (englisch „two-lined larch sawfly") sowie *Semiothisa sexmaculata incolorata*, ein Vertreter der Familie der Spanner (Geometridae).

Borkenkäfer zählen zu den weniger bedeutenden Schädlingen der Westamerikanischen Lärche. Bisweilen attackiert *Dendroctonus pseudotsugae* geschwächte Bäume. Auch die Buchdruckerart *Ips plastographus*, die Splintkäferart *Scolytus laricis* und die Schmetterlingsart *Nepytia canosaria* aus der Familie der Spanner schädigen den Baum. [2]

Ökologie

Die Samen der Westamerikanischen Lärche sind eine begehrte Futterquelle für Vogelarten wie den Fichtenzeisig (*Carduelis pinus*), den Birkenzeisig (*Carduelis flammea*) und den Bindenkreuzschnabel (*Loxia leucoptera*).

Die ausgesprochen dicke Rinde bietet dem ausgewachsenen Baum einen guten Schutz vor Waldbränden. Die Westamerikanische Lärche ist als ausgewachsener Baum die gegenüber Waldbränden widerstandsfähigste Art der Nördlichen Rocky Mountains.[2] Die Samen der Westamerikanischen Lärche sind nach Waldbränden besonders keimfreudig.

Die Westamerikanische Lärche hybridisiert bisweilen mit der Felsengebirgslärche (*Larix lyallii*).

Quellen und weiterführende Informationen

Einzelnachweise

[1] Ed Wicker; siehe die Literaturliste.
[2] Schmidt und Shearer; siehe Weblinks.
[3] Thomas Nuttall: *Larix occidentalis*. In: *The North American sylva*. 3, 1849, S. 143 (online; Plate 120 (http://digitalgallery.nypl.org/ nypldigital/id?1263611)).
[4] Christopher J. Earle; siehe Weblinks.
[5] R. Stoltmann: *Guide to the record trees of British Columbia*. Western Canada Wilderness Committee. 1993; 58 Seiten (engl.).
[6] Siehe Bildbeschreibung auf Commons (http://commons.wikimedia.org/wiki/Image:Larix_occidentalis_UKtallest.jpg).
[7] *Hypodermella laricis*. (http://www.forestpests.org/subject.html?SUB=677) In: *Forest Pests: Insects, Diseases & Other Damage Agents*. Bugwood Network, 18. Mai 2006, abgerufen am 6. November 2011 (englisch, Bilder).

Literatur

* Alan Mitchell, übersetzt und bearbeitet von Gerd Krüssmann: *Die Wald- und Parkbäume Europas: Ein Bestimmungsbuch für Dendrologen und Naturfreunde*. Paul Parey, Hamburg und Berlin 1975, ISBN 3-490-05918-2.
* Ed F. Wicker: *Larix occidentalis*. In: Peter Schütt, Horst Weisgerber, Hans J. Schuck, Ulla Lang, Bernd Stimm, Andreas Roloff: *Lexikon der Nadelbäume*. Nikol, Hamburg 2004, ISBN 3-933203-80-5, S. 243-248.
* William H. Parker: *Larix occidentalis*. (http://www.efloras.org/florataxon.aspx?flora_id=1& taxon_id=233500745) In: Flora of North America Editorial Committee (Hrsg.): *Flora of North America North of Mexico. Volume 2: Pteridophytes and Gymnosperms*. Oxford University Press, New York 1993, ISBN 0-19-508242-7.

Weblinks

* Christopher J. Earle: *Larix occidentalis*. (http://www.conifers.org/pi/Larix_occidentalis.php) In: *The Gymnosperm Database*. 27. Mai 2011, abgerufen am 6. November 2011 (englisch).
* Wyman C. Schmidt, Raymond C. Shearer: *Western Larch*. (http://www.na.fs.fed.us/spfo/pubs/ silvics_manual/Volume_1/larix/occidentalis.htm) USDA Forest Service; Northeastern Area State & Private Forestry, abgerufen am 6. November 2011 (englisch).
* *Larix occidentalis* (http://www.iucnredlist.org/apps/redlist/details/42315/0) in der Roten Liste gefährdeter Arten der IUCN 2006. Eingestellt von: Conifer Specialist Group, 1998. Abgerufen am 12. Mai 2006

koi:Larix occidentalis

Diözie

Diözie oder **Zweihäusigkeit** ist eine Form der Geschlechtsverteilung bei Samenpflanzen: weibliche und männliche Blüten kommen auf getrennten Individuen vor. Bei Pilzen spricht man von Diözie, wenn es zwei Typen von Myzelien gibt und einer davon nur als Kernspender, der andere nur als Kernempfänger dienen kann.[1]

Diözie bei Pflanzen kommt in vielen Pflanzenfamilien vor, jedoch meist in geringer Häufigkeit. Nur wenige Familien sind gänzlich diözisch, wie die Weidengewächse (Salicaceae). Aufgrund der systematischen Verteilung ist Diözie sicher oftmals unabhängig voneinander entstanden.

Diözie führt zu vollständiger Fremdbestäubung, Inzuchtdepression wird also vermieden. Der Nachteil ist, dass nur rund die Hälfte der Population Samen bildet.

Verbreitung

Diözie kommt bei den Nacktsamern bei allen Palmfarnen (Cycadales), bei Ginkgo und bei etlichen Gnetopsida vor. Bei den Kiefernartigen ist sie selten.

Bei den Bedecktsamern enthalten rund sieben Prozent aller Gattungen zumindest eine diözische Art. Rund sechs Prozent aller Bedecktsamer-Arten sind diözisch. Die meisten diözischen Gattungen haben ausschließlich diözische Arten, nur ein Drittel der Gattungen hat mehr als eine Geschlechtsverteilung. Diözie ist unter den Bedecktsamern weit verbreitet, kommt sie doch in über 40 Prozent der Familien vor.

Diözie ist bei Zweikeimblättrigen etwas häufiger als bei Einkeimblättrigen. Besonders viele diözische Arten finden sich bei den Lauraceae, Menispermaceae, Myristicaceae, Euphorbiaceae, Moraceae und Urticaceae. Generell ist Diözie bei den weniger abgeleiteten Sippen häufiger als bei den stärker abgeleiteten.

Merkmale, die überdurchschnittlich häufig mit Diözie verbunden sind, sind in absteigender Häufigkeit: Monözie bei verwandten Arten, kletternder Wuchs, Ausbreitung der Diasporen durch Tiere (Zoochorie), nicht-tierische Bestäubung (Wind- und Wasserbestäubung), strauchige Wuchsform und tropische Verbreitung. Parasiten bzw. Heterotrophe unterschiedlichster Ausprägung machen zwar nur vier Prozent der diözischen Gattungen aus, in dieser Gruppe ist Diözie jedoch überrepräsentiert mit 43 von insgesamt 135 heterotrophen Gattungen.

Genetische Kontrolle der Diözie

Bei den meisten diözischen Arten wird die Ausprägung des Geschlechts durch Geschlechtschromosomen bestimmt. Bei den meisten Arten sind die männlichen Pflanzen heterogametisch XY und die weiblichen homogametisch XX. Ausnahmen, bei denen die männlichen Pflanzen homogametisch sind, ist etwa *Potentilla fruticosa* und die Gattung *Cotula*. Das genetische Geschlecht kann jedoch durch Umwelteinflüsse überprägt werden.

Diözie ist bei Samenpflanzen ein abgeleitetes Merkmal. In vielen eingeschlechtigen Pflanzen finden sich rudimentäre Organe des anderen Geschlechts. Die Eingeschlechtigkeit entsteht also durch die Unterdrückung der Ausbildung des anderen Geschlechts: weibliche Pflanzen sind männlich-steril, die männlichen Pflanzen weiblich steril. Männliche Sterilität zeigt sich meist in der Reduktion der Antheren zu reduzierten, kleinen Staminodien; weibliche Sterilität führt zu kleinen Stempeln (Pistillodium), in denen keine Samenanlagen gebildet werden.

Manchmal ist die Diözie auch kryptisch, das heißt, die Blüten sind morphologisch zwittrig mit reichlich Pollen-produzierenden Staubblättern und normal großen Fruchtknoten. Bei einigen Nachtschatten-Arten (*Solanum*) bilden die weiblich-fertilen Pflanzen nicht-keimfähigen Pollen. An den Narben der Pflanzen, die fertilen Pollen bilden, kann kein Pollen auskeimen. Der Vorteil für die Pflanzen, dennoch sterilen Pollen bzw. sterile Fruchtknoten zu bilden, wird damit erklärt, dass der Blütenbesuch durch die Bestäuber besser ist, wenn alle Blüten Pollen und den (in den Fruchtknoten produzierten) Nektar enthalten.

Belege

- A. J. Richards: *Plant Breeding Systems*. Chapman & Hall, London 1997, S. 298-312. ISBN 0-412-57440-3
- S. S. Renner, R. E. Ricklefs: *Dioecy and Its Correlates in the Flowering Plants*. American Journal of Botany, Band 82, 1995, S. 596-606. (Verbreitung), pdf [2]

Einzelnachweise

[1] Gerhard Wagenitz: *Wörterbuch der Botanik*. 2. Auflage, Spektrum Akademischer Verlag, Heidelberg, Berlin 2003, S. 84. ISBN 3-8274-1398-2

[2] http://www.umsl.edu/~renners/AJB1995CorrDioecy.pdf

Frucht

Die **Frucht** (von lat. *fructus*) einer Pflanze ist die Blüte im Zustand der Samenreife. Die Frucht ist die Gesamtheit der Organe, die aus einer Blüte hervorgehen, und die die Samen bis zu deren Reife umschließen. Früchte bilden prinzipiell nur die Pflanzen, die einen geschlossenen Fruchtknoten besitzen (Bedecktsamer = Angiospermen); bei den Nacktsamern (Gymnospermen, z. B. Nadelbäume oder Ginkgo-Baum) entstehen nur freie Samen.

An der Bildung einer Frucht können außer dem Fruchtblatt zum Beispiel folgende Organe beteiligt sein: Achsengewebe (beispielsweise der Blütenboden), Blütenhülle, Spelzen. Die Frucht dient der Ausbreitung. Je nachdem, ob die Samen von der Frucht eingeschlossen oder im reifen Zustand freigesetzt werden, unterscheidet man zwischen Schließ- und Öffnungs- bzw. Streufrüchten.

Im allgemeinen Sprachgebrauch wird unter Früchten auch Obst verstanden und nicht immer zwischen den Samen und der Frucht klar unterschieden.

Verschiedene Früchte aus dem Regenwald Panamas

Aufbau

Eine Frucht besteht aus einem oder mehreren Samen, die von einer Fruchtwand, dem Perikarp umgeben sind. Beim Perikarp wiederum unterscheidet man drei Schichten:

- Exokarp – äußere Schicht
- Mesokarp – mittlere Schicht
- Endokarp – innere Schicht

Beim Pfirsich auf dem Bild rechts beispielsweise bildet das Endokarp den harten Kern, der den Samen enthält. Das Mesokarp ist fleischig, und das Exokarp bildet die samtige Pfirsichhaut.

Das Perikarp wird während des Reifungsprozesses der Frucht aus dem Fruchtknoten der Blüte gebildet. Für die Einteilung der Früchte ist es wichtig, sich in Erinnerung zu rufen, dass der Fruchtknoten aus einem oder mehreren miteinander verwachsenen Fruchtblättern (Karpellen) besteht.

Der verbleibende Rest aus Sprossachse und Calyx (Kelchblätter) wird gemeinhin auch als Zilch bezeichnet.

Fruchtaufbau: aufgeschnittener Pfirsich

Einteilung

Früchte kann man nach verschiedenen Kriterien einteilen:

- nach Verschluss der reifen Samen:
  - Öffnet sich die Fruchtwand nach der Fruchtreife und entlässt sie Samen, so spricht man von einer Öffnungs- bzw. Streufrucht.
  - Bleibt die Fruchtwand dagegen geschlossen und fällt zusammen mit den Samen als Ganzes von der Pflanze ab, so spricht man von einer Schließfrucht.
  - Werden die Samen bei Reife zwar immer noch von der Fruchtwand umhüllt, aber zerfällt diese in mehrere Einheiten, die einen oder mehrere Samen enthalten können, so spricht man von einer Zerfallfrucht.

Banane, Erdbeeren und verschiedene Zitrusfrüchte

- nach Wassergehalt:
  - Trockenfrüchte: die Samen befinden sich in einem trockenen und harten Perikarp. Sie können als Öffnungsfrüchte (z. B. Erbse), Schließfrüchte (z. B. Nüsse) und Spaltfrüchte (z. B. Ahorn) auftreten
  - Saftfrüchte
- nach Gruppierung an der Pflanze:
  - Die Früchte können einzeln stehen (Einzelfrucht).
  - Bilden die Einzelfrüchte eines ganzen Blütenstandes eine Gesamtheit, spricht man von einem Fruchtstand. (z. B. Linde, Ähren von Getreide, Weintrauben)
  - Bei Blüten mit mehreren Fruchtknoten kann es aber auch sein, dass aus jedem Fruchtknoten eine Frucht gebildet wird, diese Früchte aber dann eine Gesamtheit bilden, die normalerweise gemeinsam von der Pflanze abfällt und verbreitet wird. Solche Bildungen heißen Sammelfrüchte. (z. B. Erdbeeren, Himbeeren, Hagebutten der Rosen)
  - Verwachsen die Früchte eines Fruchtstandes miteinander, so dass sie nur gemeinsam abfallen und verbreitet werden können, so spricht man von einem Fruchtverband. Morphologisch kann es sich bei den beteiligten

Einzelfrüchten um Beeren, Nüsse oder andere handeln. (z. B. Ananas, Feigen)

Diese Fruchtformen werden unten nochmals erklärt.

Einzelfrüchte

Frucht einer Blüte, aus einem oder mehreren (mit sich selbst verwachsenen) Fruchtblatt.

Öffnungs- bzw. Streufrüchte

Die Samen werden zur Zeit der Fruchtreife freigegeben. Die Ausbreitung erfolgt hier durch die Samen.

Balgfrucht

Bei diesen besteht der Fruchtknoten aus nur einem Fruchtblatt, das an der Bauchnaht verwächst und sich bei Fruchtreife auch nur an dieser einen Naht öffnet.

Hülse

Auch hier besteht der Fruchtknoten aus nur einem Fruchtblatt, das an der Bauchnaht

Früchte auf einem Marktstand

verwachsen ist. Im Gegensatz zur Balgfrucht öffnet sich die reife Frucht aber nicht nur an dieser Naht (der sog. „Bauchnaht"), sondern auch entlang der Mittelrippe des Fruchtblattes, die man in diesem Fall auch „Rückennaht" nennt. Diese Fruchtform kommt z. B. in der Familie der Hülsenfrüchtler vor.

Kapsel

Bei Kapseln besteht der Fruchtknoten aus zwei oder mehreren miteinander verwachsenen Fruchtblättern, die sich bei Fruchtreife auf unterschiedliche Weise öffnen. Je nach Art der Öffnung unterscheidet man folgende Kapselformen. Es gibt jedoch auch Kapseln, die unregelmäßig aufspringen, und sich nicht einer dieser Formen zuordnen lassen.

- Spaltkapseln: Die Fruchtknoten öffnen sich an den Scheidewänden der Verwachsung oder entlang der Mittelnerven der Fruchtblätter. In jedem Fall entstehen an der Fruchtwand senkrechte Spalten. Die Kapseln können sich ganz öffnen, oder auch nur an der Spitze mit einigen Zähnchen aufspringen, oder sich nur entlang der Seite mit Spalten öffnen.
- Deckelkapseln: Am oberen Ende löst sich ein Kapseldeckel ab.
- Porenkapsel: An der Kapselwand entstehen Löcher, durch die die Samen herausfallen.

Schote, Schötchen

Bei diesen besteht der Fruchtknoten aus zwei oder vier mit sog. Plazentarleisten miteinander verwachsenen Fruchtblättern. Bei Fruchtreife lösen sich zwei der Fruchtblätter von den Plazentarleisten und öffnen so die Frucht. Diese Fruchtform kommt z. B. bei den Kreuzblütlern oder bei einigen Mohngewächsen vor. Sind die Schoten weniger als dreimal so lang wie breit, spricht man meist auch von „Schötchen".

Schließfrüchte

Samen bleiben bis zur Verbreitung von der Fruchtwand eingeschlossen. Die Ausbreitungseinheit ist die Frucht.

Beere

Bei Beeren ist die Fruchtwand auch bei Fruchtreife noch fleischig oder saftig (Endo- und Mesokarp fleischig, Exokarp häutig – beispielsweise Johannisbeere, Tomate, Gurke oder Kürbis). Viele trocknen höchstens kurz vor der Reife noch aus. Regelmäßig austrocknende Beeren, deren Fruchtwand zäh und ledrig wird, werden als Lederbeeren (z. B. Paprika) bezeichnet. Beeren enthalten meistens mehrere Samen. Nüsse sind meist einsamige Früchte, bei denen die gesamte Fruchtwand (Endo-, Exo- und Mesokarp) holzig oder ledrig geworden ist (z. B. Gemeine Hasel). Bei vielen Pflanzen mit Nussfrüchten ist die Fruchtwand untrennbar mit dem Samen verwachsen. Im Falle, dass der Fruchtknoten oberständig war, spricht man dann auch von einer Karyopse (z. B. Süßgräser), im Falle, dass er unterständig war, von einer Achäne (z. B. Korbblütler). Steinfrüchte vereinen Merkmale von Beeren und Nüssen. Bei ihnen ist das Endokarp, also die innerste Schicht der Fruchtwand holzig oder ledrig. Das Mesokarp dagegen fleischig, saftig und weich; das Exokarp häutig (z. B. Kirsche, Pflaume, Holunder oder Mandel). Steinfrüchte sind in der Regel einsamig.

Zerfallfrüchte

Spaltfrüchte

Bei diesen zerfällt die Frucht bei Reife entlang von Scheidewänden in Einzelteile, die jeweils einem Fruchtblatt entsprechen. Die Ausbreitungseinheit sind Teilfrüchte.

Bruchfrüchte

Auch hier zerfällt die Frucht entlang von Scheidewänden in Einzelteile. Aber diese entsprechen nicht jeweils einem Fruchtblatt, sondern Teilen eines oder mehrerer Fruchtblätter. Die Teile sind stets einsamig. Man unterscheidet:

- Gliederhülsen: Früchte, die aus einem einzigen Fruchtblatt gebildet sind, aber nicht entlang der Naht aufspringen, sondern quer in jeweils einsamige Teile zerfallen (z. B. Alpen-Süßklee).
- Gliederschoten: Früchte aus zwei oder vier Fruchtblättern, die bei Reife quer zerfallen.
- Klausenfrüchte: Bei diesen zerfallen die Früchte entlang der echten Scheidewände und zusätzlich entlang falscher Scheidewände. Jedes Fruchtblatt bildet also bei Reife mehrere Verbreitungseinheiten, sodass deren Anzahl ein Mehrfaches der Anzahl der Fruchtblätter ist. Bei den mitteleuropäischen Pflanzen zerfällt stets ein aus zwei Fruchtblättern gebildeter Fruchtknoten in vier Teile (z. B. Lippenblütler).

Sammelfrüchte

Sie entstehen aus einer Blüte mit mehreren oder vielen Fruchtblättern, die je eine eigenständige Einzelfrucht bilden und gemeinsam eine Einheit darstellen. Sammelfrüchte werden nach Art ihrer Einzelfrüchte Sammelbalgfrüchte (Kolanuss, Pfingstrose – mit der Sonderform der Apfelfrucht (Apfel oder Birne), Sammelsteinfrüchte (Himbeere, Brombeere, Moltebeere) oder Sammelnussfrüchte (Erdbeere, Hagebutten) genannt. Von den Einzelfrüchten spricht man bei Sammelfrüchten in der Regel in der Verkleinerungsform. Die Frucht der Himbeere ist beispielsweise eine Sammelsteinfrucht, die aus mehreren verwachsenen Steinfrüchtchen gebildet ist.

Fruchtverbände

Fruchtverbände entstehen aus mehreren oder vielen Einzelblüten eines ganzen Blütenstandes. Aus jeder dieser Blüten geht eine Einzelfrucht hervor. Diese werden aber durch Gewebe der Blütenstandsachse verbunden oder umwachsen oder verwachsen im Zuge der Fruchtreife miteinander, so dass eine Scheinfrucht als Einheit entsteht. Typische Beispiele für Fruchtverbände sind

- Beerenfruchtverband der Ananas - aus jeder Einzelblüte ist morphologisch eine Beere entstanden,
- Steinfruchtverband der Feige - der krugförmige Blütenstand umfasst eine Vielzahl winziger Blüten, aus denen Steinfrüchte entstehen,
- Nussfruchtverband der Maulbeere

Insbesondere in der Familie der Maulbeergewächse (Moraceae) sind Fruchtverbände weit verbreitet.

Literatur

- Reinhard Lieberei, Christoph Reisdorff: *Nutzpflanzenkunde - begründet von Wolfgang Franke*. 7. Auflage, Thieme-Verlag, 2007; ISBN 978-3-13-530407-6

Siehe auch

- Exotische Frucht
- Feldfrucht
- Lagerfrucht
- Obst
- Fruchtgemüse
- Karpologie
- Scheinfrucht
- Bildtafel Obst und Gemüse

Weblinks

- Frucht-Bilder aus dem Bildarchiv der Universität Basel [1]
- Früchte mit Bild [2], nach Jahreszeiten geordnet

References

[1] http://131.152.161.2/FMPro?-DB=b.fp5&-Lay=L&-error=B%2Fbfehler.htm&-op=bw&alles=&-op=bw&fam=&-op=bw& gattart=&-op=bw&legende=&-op=bw&herkunft=&-max=6&-format=b%2Fbliste1.htm&-LOP=AND&-Find=Suchen& katmorph=Fr%FCchte
[2] http://www.exquisine.de/obst.htm

Okoubaka aubrevillei

<table>
<tr><td align="center">Okoubaka aubrevillei</td></tr>
<tr><td align="center">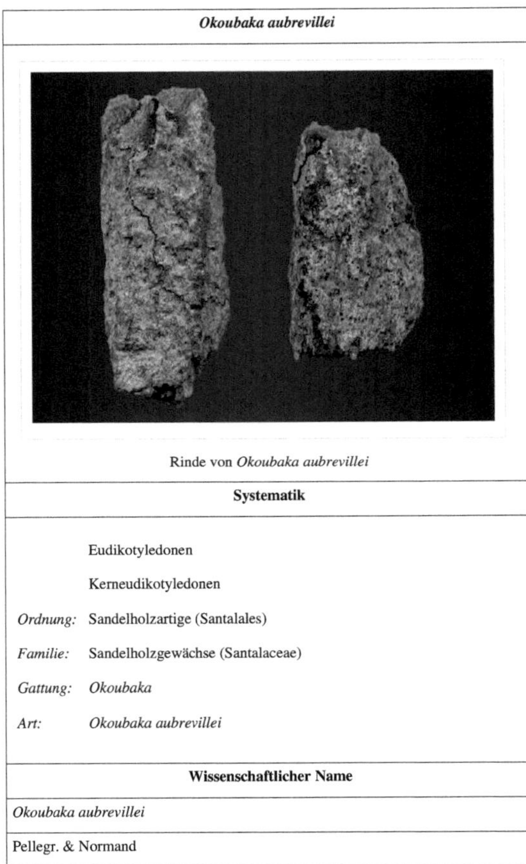
Rinde von Okoubaka aubrevillei</td></tr>
<tr><td align="center">Systematik</td></tr>
<tr><td>

Eudikotyledonen

Kerneudikotyledonen

Ordnung: Sandelholzartige (Santalales)

Familie: Sandelholzgewächse (Santalaceae)

Gattung: Okoubaka

Art: *Okoubaka aubrevillei*

</td></tr>
<tr><td align="center">Wissenschaftlicher Name</td></tr>
<tr><td>Okoubaka aubrevillei</td></tr>
<tr><td>Pellegr. & Normand</td></tr>
</table>

Der tropische Urwaldbaum ***Okoubaka aubrevillei***, auch **Okoubakabaum** (englisch: *Okoubaka tree*) und als Droge kurz **Okoubaka** genannt, ist ein westafrikanischer Baum (vor allem in Ghana und an der Elfenbeinküste verbreitet) und gehört zur Familie der Sandelholzgewächse, wird aber auch zuweilen zu den verwandten Olacaceae oder früher in eine kleine Familie namens Octoknemaceae gestellt.

Vorkommen und Pflanzenbeschreibung

Der bis zu 30 Meter hohe Okoubaka ist ein Baum mit buschiger Krone und herabhängenden Ästen. Er wächst ausschließlich in geschlossenen Waldbeständen. Es ist ein Hemiparasit. Der Blütenbereich weist bis zu 15 Zentimeter lange Stacheln auf. Die Früchte sind gelb und hart.

Wichtige Inhaltsstoffe und Wirkung

Die Innenansicht der zerkleinerten Rinde von
Okoubaka aubrevillei

Die wichtigen Inhaltsstoffe von *Okoubaka aubrevillei* stammen von der Rinde. Die Stammrinde kann als Gerbstoffdroge bezeichnet werden und beinhaltet neben den Gerbstoffen noch Catechine, Gallussäuren, Protocatechussäure, Phenolcarbonsäuren, Sterine und Aminosäuren. Eine Urtinktur der Rinde weist einen adstringierenden und holzigen Geschmack auf. Bei Untersuchungen der Inhaltsstoffe und der Pharmakologie wurde eine leichte antibiotische sowie eine starke die Phagozytose steigernde Wirkung festgestellt. Wirkt entgiftend auf den Magen-Darm-Trakt, verbessert die physiologische Entgiftung durch den Leber-Galle-Kreislauf, entlastet die Bauchspeicheldrüse, wirkt leicht antibiotisch, erhöht stark die Phagozytosetätigkeit und wirkt zudem entzündungshemmend auf die Schleimhaut des gesamten Verdauungstraktes.

Volksmedizin

Einheimische in Westafrika benutzen die pulverisierte Rinde des Okoubakabaumes als Medizin (teelöffelweise oral genommen) zur Vorbeugung von jegliche Art von Vergiftung und schweren Formen der Syphilis[1] . Die mit Okoubaka Behandelten sollen dabei eine subjektive und objektive Besserung erzielt haben.[2]

In der Homöopathie verwendete Teile

Als Arzneigrundstoff des Homöopathikums dient das getrocknete Astholz sowie die Rinde. Das homöopathische Arzneimittel Okoubaka aubrevillei ist im homöopathischen Sinne noch nicht ausreichend geprüft. Jahrelange erfolgreiche und praktische Erfahrungen sowie Veröffentlichungen (z. B. Schlüren E., Okoubaka aubrevillei, Allgemeine Homöopathische Zeitung 236 (1991)) weisen auf folgende hauptsächliche Indikationen hin: Erkrankungen des Verdauungstraktes sowie Abwehrschwäche.

Quellen

Die Informationen dieses Artikels entstammen aus den angegebenen Einzelnachweisen sowie der unter Literatur
angegebenen Quellen:

Einzelnachweise

[1] Markus Wiesenauer, Suzann Kirschner-Brouns: Homöopathie - Das große Handbuch, Gräfe & Unzer Verlag, 2007, Seite 418, ISBN
      978-3-8338-0034-4
[2] Homöopathisches Repertorium, Deutsche Homöopathie Union (DHU), Ausgabe 1994, Seite 223

Literatur

- Homöopathisches Repertorium, Deutsche Homöopathie Union (DHU), Ausgabe 1994.
- Walter Glück, Homöopathische Notfall-Apotheke, Mosaik bei Goldmann, 2006, ISBN 3442167841.
- Markus Wiesenauer, Homöopathie Quickfinder, Gräfe & Unzer, 2005, ISBN 3774271992.
- Karl-Heinz Friese, Kurs Naturheilverfahren: Homöopathie, Sonntag Verlag, 2001, ISBN 3877580904..

Weblinks

- Fotos von Okoubakabaum (1) (http://www.parasiticplants.siu.edu/Santalaceae/images/OkoubakaHabit1.jpg)
  (2) (http://www.parasiticplants.siu.edu/Santalaceae/images/OkoubakaHabit2.jpg) (3) (http://www.
  parasiticplants.siu.edu/Santalaceae/images/Okoubaka.JPEG)
- Bild der Rinde (http://nutzpflanzengate.picturemaxx.com/preview.
  php?WGSESSID=2d83d98a0f8f8d1766e87b705cc7f11b&UURL=b37926b637f1f33d0d06acf49c868f3f&
  IMGID=00007248)
- Arneimittelbild von similasan.ch - *Okoubaka* (http://www.similasan.ch/htm/em_produkte.htm?id=22)
- *Root Hemiparasitism in a West African Rainforest Tree Okoubaka aubrevillei (Santalaceae)*, New Phytologist,
  Vol. 134, No. 3, 1996. (http://links.jstor.org/sici?sici=0028-646X(199611)134:3<487:RHIAWA>2.0.
  CO;2-C)

Phoradendron

<table>
<tr><td colspan="2" align="center">***Phoradendron***</td></tr>
<tr><td colspan="2" align="center">
Phoradendron juniperinum</td></tr>
<tr><td colspan="2" align="center">**Systematik**</td></tr>
<tr><td>*Klasse:*</td><td>Bedecktsamer (Magnoliopsida)</td></tr>
<tr><td></td><td>Eudikotyledonen</td></tr>
<tr><td></td><td>Kerneudikotyledonen</td></tr>
<tr><td>*Ordnung:*</td><td>Sandelholzartige (Santalales)</td></tr>
<tr><td>*Familie:*</td><td>Sandelholzgewächse (Santalaceae)</td></tr>
<tr><td>*Gattung:*</td><td>*Phoradendron*</td></tr>
<tr><td colspan="2" align="center">**Wissenschaftlicher Name**</td></tr>
<tr><td colspan="2">*Phoradendron*</td></tr>
<tr><td colspan="2">Nutt.</td></tr>
</table>

Phoradendron ist eine Pflanzengattung aus der Familie der Sandelholzgewächse (Santalaceae). Es sind in Amerika heimische parasitische Pflanzen, die auf Bäumen wachsen.

Beschreibung

Die Arten dieser Gattung sind verholzende Sträucher, die parasitisch auf Bäumen wachsen. Als Wirtspflanzen kommen Nadel- und Laubbäume in Frage. Manche Arten sind auf einzelne Wirtsbaumarten spezialisiert, viele können jedoch ein weites Spektrum verschiedener Baumarten befallen. Ihre Zweige werden je nach Art 10 bis 80 Zentimeter lang; sie verzweigen dichotom. Die gegenständigen Blätter sind bei manchen Arten 2 bis 5 cm lang, bei anderen wie *Phoradendron californicum* dagegen sehr klein. Die Pflanzen betreiben Photosynthese, ziehen aber Nährstoffe und Wasser aus der Wirtspflanze. Das unter der Rinde der Wirtspflanze verborgene Wurzelsystem kann auch ohne die sichtbaren Pflanzenteile weiterleben.

Die Vertreter dieser Gattung sind zweihäusig (diözisch), es gibt also männliche und weibliche Pflanzenexemplare. Die Blüten sind klein und unscheinbar; sie sind grüngelb und 1 bis 3 mm groß. Männliche und weibliche Blüten sind vom Aussehen so ähnlich, dass das Geschlecht eines Pflanzenexemplars oft erst zur Zeit des Fruchtansatzes erkennbar ist. Die Früchte sind Beeren, die je nach Art im reifen Zustand die Farben weiß, gelb, orange oder rot annehmen. Im sehr klebrigen Fruchtfleisch befinden sich mehrere Samen. Die Verbreitung der Samen geschieht über Vögel wie den Zedernseidenschwanz (*Bombycilla cedrorum*) und den Trauerseidenschnäpper (*Phainopepla nitens*).

Verbreitung

Die Vertreter der Gattung sind in den tropischen bis warm-gemäßigten Gebieten Amerikas heimisch.

Systematik

Früher wurde die Gattung in eine eigene Familie Viscaceae gestellt. Jüngere genetische Forschungsergebnisse haben jedoch gezeigt, dass die Gattung in die Familie der Sandelholzgewächse (Santalaceae) einzustellen ist.

In der Gattung werden mehr als 200 Arten unterschieden. Hier eine Artenauswahl:[1]

- *Phoradendron anceps* (Spreng.) G. Maza
- *Phoradendron barahonae* Urban & Trel.
- *Phoradendron bolleanum* (Seem.) Eichl.

Phoradendron californicum, Blütenstand

Phoradendron leucarpum auf einer Oregon-Eiche (*Quercus garryana* var. *garryana*)

Phoradendron californicum

- *Phoradendron californicum* Nutt.
- *Phoradendron capitellatum* Torr. ex Trel.
- *Phoradendron coryae* Trel.
- *Phoradendron densum* Torr. ex Trel.
- *Phoradendron dichotomum* (Bertero) Krug & Urban
- *Phoradendron hawksworthii* (Wiens) Wiens
- *Phoradendron hexastichum* (DC.) Griseb.
- *Phoradendron juniperinum* Engelm. ex Gray
- *Phoradendron leucarpum* (Raf.) Reveal & M. C. Johnst. (Syn. *Phoradendron flavescens* (Pursh) Nutt. ex A. Gray, *Phoradendron serotinum* (Raf.) M. C. Johnst., *Phoradendron tomentosum* (DC.) A. Gray, *Phoradendron villosum* (Nutt.) Engelm., *Viscum leucarpum* Raf., *Viscum serotinum* Raf., *Viscum tomentosum* DC., *Viscum villosum* Nutt.)
- *Phoradendron libocedri* (Engelm.) Howell
- *Phoradendron macrophyllum* (Engelm.) Cockerell
- *Phoradendron mucronatum* (DC.) Krug & Urban
- *Phoradendron pauciflorum* Torr.
- *Phoradendron piperoides* (Kunth) Trel.
- *Phoradendron quadrangulare* (Kunth) Griseb.
- *Phoradendron racemosum* (Aubl.) Krug & Urban
- *Phoradendron rubrum* (L.) Griseb. (Syn. *Viscum rubrum* L.)
- *Phoradendron tetrapterum* Krug & Urban
- *Phoradendron trinervium* (Lam.) Griseb.

Sonstiges

Blätter und Beeren einiger Vertreter der Gattung sind giftig.

Literatur

- J. Kuijt: *Monograph of Phoradendron (Viscaceae).* In: *Syst. Bot. Monogr..* 66, 2003, S. 1–643.
- Robert F. Scharpf, Frank G. Hawksworth: *Mistletoes on Hardwoods in the United States.* August 1974 (Forest Pest Leaflet 147 [2] bei fs.fed.us).

Weblinks

- Eintrag bei *Flora of Bolivia* [3] (engl.)
- Eintrag bei USDA [4] (engl.)
- Bilder bei *calphotos.berkeley.edu* [5] (engl.)

Einzelreferenzen

[1] Siehe Artenliste bei GRIN Taxonomy for Plants (http://www.ars-grin.gov/cgi-bin/npgs/html/splist.pl?9275) sowie Eintrag bei
forestryimages.org (http://www.forestryimages.org/browse/genus.cfm?id=Phoradendron) und den Eintrag bei ITIS (http://www.itis.
gov/servlet/SingleRpt/SingleRpt?search_topic=TSN&search_value=27855).

[2] http://www.fs.fed.us/r6/nr/fid/fidls/147.htm

[3] http://www.efloras.org/florataxon.aspx?flora_id=40&taxon_id=125099

[4] http://plants.usda.gov/java/profile?symbol=PHORA

[5] http://calphotos.berkeley.edu/cgi/img_query?query_src=photos_index&where-lifeform=any&rel-taxon=begins+with&
where-taxon=Phoradendron&rel-namesoup=matchphrase&where-namesoup=&rel-location=matchphrase&where-location=&
rel-county=eq&where-county=any&rel-state=eq&where-state=any&rel-country=eq&where-country=any&where-collectn=any&
rel-photographer=eq&where-photographer=any&rel-kwid=equals&where-kwid=

Juan-Fernández-Sandelbaum

Juan-Fernández-Sandelbaum
Systematik
Eudikotyledonen
Kerneudikotyledonen
Ordnung: Sandelholzartige (Santalales)
Familie: Sandelholzgewächse (Santalaceae)
Gattung: Sandelhölzer (*Santalum*)
Art: Juan-Fernández-Sandelbaum
Wissenschaftlicher Name
Santalum fernandezianum
Phil.

Der **Juan-Fernández-Sandelbaum** (*Santalum fernandezianum*) ist eine ausgestorbene Baumart aus der Gattung der Sandelhölzer (*Santalum*). Sie war auf der Robinson-Crusoe-Insel endemisch und wurde 1908 zuletzt nachgewiesen.

Merkmale

Der Juan-Fernández-Sandelbaum war ein halbparasitärer Baum, der eine Höhe von ungefähr neun Metern erreichte. Das Holz war durch einen langanhaltenden, aromatischen Duft charakterisiert. Die dunkle, bräunlich-graue, schuppige Rinde war in rechteckige Stücke zersplittet. Die jungen Zweige trugen gegenständige Paare von glänzenden, dunkelgrünen, etwas fleischigen, länglichen, hauptsächlich 4,5 bis 8,5 Zentimeter langen Blättern. Die Blattspitze war entweder gespitzt oder eingeschnitten. Die endständigen, pyramidenförmigen, fleischigen Blütenrispen hatten einen Durchmesser von vier bis fünf Millimeter. Die Blütenhüllblätter waren weitgehend dreieckig und an der Oberfläche dicht behaart.

Lebensraum

Der Lebensraum des Juan-Fernández-Sandelbaums waren Wälder. Das letzte Exemplar wurde in einer Schlucht entdeckt, wo es in Vergesellschaftung mit *Nothomyrcia fernandeziana*, *Fagaza maya*, *Drimus confertifolia* und *Coprosoma pyrifolia* vorkam.

Nutzung

Das Holz des Juan-Fernández-Sandelbaums war sehr begehrt und wurde für die Herstellung von Heiligenbildern und Reliquienkästchen verwendet.

Aussterben

Um das Jahr 1624 war der Juan-Fernández-Sandelbaum auf der Robinson-Crusoe-Insel weit verbreitet. Wegen des Raubbaus an den Sandelbäumen, deren süßlich riechendes und wertvolles Holz nach Peru verschifft wurde, war der Juan-Fernández-Sandelbaum bereits im Jahre 1740 sehr selten geworden. Auch verwilderte Ziegen haben erheblich zum Rückgang der Art beigetragen. 1908 fotografierte Carl Skottsberg den letzten lebenden Baum, der nur noch einen einzigen grünenden Ast besaß. Als Skottsberg 1916 erneut die Insel besuchte, war das Exemplar eingegangen.

Literatur

- Gren Lucas, Hugh Synge, International Union for Conservation of Nature and Natural Resources. Threatened Plants Committee: *The IUCN plant red data book: comprising red data sheets on 250 selected plants threatened on a world scale.* IUCN, 1978. ISBN 9782880322021
- Carl Skottsberg: *The wilds of Patagonia; a narrative of the Swedish expedition to Patagonia, Tierra del Fuego and the Falkland Islands in 1907-1909* The MacMillan Company, New York. 1911.
- Baeza, P. C. M.; Rodriguez R. R.; Hoeneisen, F. M.; Stuessy, T.: *Anatomical considerations of the secondary wood of Santalum fernandezianum F. Phil. (Santalaceae), an extinct species of the Juan Fernandez Islands,* Chile. Gayana Bot. 56. (1): S. 63–65. 1999.

Weblinks

- *Santalum fernandezianum* [1] in der Roten Liste gefährdeter Arten der IUCN 2008. Eingestellt von: Word Conservation Monitoring Centre, 1998. Abgerufen am 17. Mai 2009
- Abbildungen von Herbarexemplaren [2]

References

[1] http://www.iucnredlist.org/apps/redlist/details/30406/0
[2] http://www.conaf.cl/cd_sitio_web_flora_regional/comprimidos/Plantillas/Archipielago/Santalum_Fernandezianum.htm

Alpen-Leinblatt

Alpen-Leinblatt

Alpen-Leinblatt (*Thesium alpinum*)

Systematik

Ordnung:	Sandelholzartige (Santalales)
Familie:	Sandelholzgewächse (Santalaceae)
Tribus:	Thesieae
Untertribus:	Thesiinae
Gattung:	Leinblatt (*Thesium*)
Art:	Alpen-Leinblatt

Wissenschaftlicher Name

Thesium alpinum

L.

Das **Alpen-Leinblatt** (*Thesium alpinum*), auch **Alpen-Bergflachs** oder **Alpen-Vermeinkraut** genannt, ist eine Pflanzenart, die zur Familie der Sandelholzgewächse (Santalaceae) gehört.

Beschreibung

Das Alpen-Leinblatt ist eine krautige Pflanze, die Wuchshöhen zwischen 10 und 20 Zentimeter erreicht, selten bis 50 Zentimeter. Am kantigen Stängel sind die Blätter wechselständig angeordnet. Die Knospe des Seitentriebes scheint auf die Blattfläche hinaus verschoben zu sein, das nennt man Rekauleszenz. Die ungestielten, einnervigen, spitzen und schmal linealischen Laubblätter werden bis zu 4 Zentimeter lang.

In einem schmalen, einseitswendigen, traubigen Blütenstand sind die Blüten angeordnet. Die radiärsymmetrischen Blüten sind zwittrig. Das innen weiße, außen grüne Perigon ist meist vierzipflig, es kann aber auch drei- oder fünfzipflig sein. Ein Perigonzipfel wird hierbei zwischen 2 und 4 Millimeter lang. Der Fruchtknoten ist unterständig. Es werden kleine Nüsse gebildet.

Blütezeit ist von Juni bis Juli.

Standort

Als Standort werden kalkhaltige, trockene Böden, Föhrenwälder, offene Rasen und steinige Hänge bevorzugt. Die Art ist von der Tallage bis in Höhenlagen von 3000 Meter verbreitet.

Das Verbreitungsgebiet umfasst hierbei die Alpen und das Vorland, Süd- und Mitteleuropa, im Norden bis nach Schweden.

Besonderheit

Diese Art hat Riesenchromosomen.[1]

Literatur

- Manfred A. Fischer, Wolfgang Adler, Karl Oswald: *Exkursionsflora für Österreich, Liechtenstein und Südtirol.* 2., verb. u. erw. Auflage. Biologiezentrum der Oberösterreichischen Landesmuseen, Linz 2005, ISBN 3-85474-140-5.
- Xaver Finkenzeller, Jürke Grau: *Alpenblumen.* Mosaik, München 2002, ISBN 3-576-11482-3.
- Oskar Angerer, Thomas Muer: *Alpenpflanzen.* Eugen Ulmer, Stuttgart 2004, ISBN 3-8001-3374-1.

Einzelnachweise

[1] Peter von Sengbusch: *Botanik online - die Internetlehre. Endosperm; frühe Embryonalstadien; Samenbildung.* Hamburg 2003, (online) (http:/ /www.biologie.uni-hamburg.de/b-online/e48/48f.htm), Zugriff am 20. November 2011.

Weblinks

- *Alpen-Leinblatt.* (http://www.floraweb.de/pflanzenarten/artenhome.xsql?suchnr=5913&) In: *FloraWeb.de* (http://www.floraweb.de).
- Verbreitungskarte (http://www.floraweb.de/MAP/scripts/esrimap.dll?name=florkart&cmd=mapflor& app=distflor&ly=gw&taxnr=5913) für Deutschland bei Floraweb (http://www.floraweb.de)
- Verbreitung auf der Nordhalbkugel (http://linnaeus.nrm.se/flora/di/santala/thesi/thesalpv.jpg) aus: Eric Hultén, Magnus Fries: *Atlas of North European vascular plants.* 1986, ISBN 3-87429-263-0.
- Eintrag in der Zentralen Datenbank der Schweizer Flora (http://www.crsf.ch/?page=artinfo_karteraster& no_isfs=417200)
- Carl von Linné: *Species Plantarum.* Band 1, Imprensis Laurentii Salvii, Holmiae 1753, S. 205 (http://www. biodiversitylibrary.org/openurl?pid=title:669&volume=1&issue=&spage=205&date=1753) (Erstbeschreibung)

Berg-Leinblatt

Berg-Leinblatt
Systematik
Ordnung: Sandelholzartige (Santalales)
Familie: Sandelholzgewächse (Santalaceae)
Tribus: Thesieae
Untertribus: Thesiinae
Gattung: Leinblätter (*Thesium*)
Art: Berg-Leinblatt
Wissenschaftlicher Name
Thesium bavarum
Schrank 1786

Das **Berg-Leinblatt** (*Thesium bavarum*) auch **Bayrisches Vermeinkraut** oder **Bayrisches Leinblatt** ist eine Pflanzenart aus der Gattung Leinblätter (*Thesium*).

Beschreibung

Das Berg-Leinblatt ist eine ausdauernde krautige Pflanze, die Wuchshöhen zwischen 30 und 80 Zentimetern erreicht. Der kantige Stängel ist aufrecht. Er ist verzweigt und häufig reich beblättert. Die Art bildet keine Stolonen aus, verfügt aber über Wurzelsprossen. Die Laubblätter sind von blaugrüner Farbe und lanzettförmig. Sie sind drei- bis fünfnervig und zwischen 2 und 4 cm lang und 3 bis 7 mm breit. Sie sind ganzrandig kahl. Von Ende Juni bis Juli bilden die Pflanzen Trugdolden aus, die sich zu endständigen Rispe vereinen. Unter den einzelnen Blüten stehen ein größeres und zwei kleinere Tragblätter. Die Blüten sind unscheinbar und innen von weißer Farbe, mit fünf gekerbten Blütenzipfeln. (Selten sind nur vier Blütenzipfel ausgebildet, jedoch nie an allen Blüten eines Blütenstandes. Überwiegen die vierzipfeligen Blüten an einer Pflanze, handelt es sich nicht um Berg-Leinblatt.) Sie stehen rekauleszent, so scheint die Knospe auf die Blattfläche oder den Blattstiel hinaus verschoben zu sein. Nach der Blüte reifen etwa 4 mm lange Früchte aus. Diese sind kugelig bis eiförmig und gestielt. Zur Fruchtzeit ist die fünfspaltige Blütenhülle durch die tief gespaltenen Zipfel eingerollt und deutlich kürzer als die Frucht.

Verbreitung

Die Berg-Leinblatt ist in den Alpen, in Mittel- und Südosteuropa, sowie in Italien zuhause. Außerhalb Europas gibt es nur zwei Stellen in Kleinasien. Die Art bevorzugt einen trockenen und kalkreichen, lockeren Lehm- oder Lössboden. Sie liebt Gegenden mir warmen Klima und viel Sonne. Gerne findet sie sich an trockenen Gebüschen, in lichten Trockenwäldern oder am Rand davon. In den warmen Alpen steigt die Art bis 1800 m NN. Berg-Leinblatt findet sich meist im Verband Geranion sanguineum, gerne in Gesellschaft mit Hirschwurz-Haarstrang (*Peucedanum cervaria*) und Blutrotem Storchenschnabel (*Geranium sanguineum*).

Ökologie

Das Berg-Leinblatt ist ein Halbschmarotzer, der seinen Wirtspflanzen Wasser und Nährsalze entzieht. Es scheint allerdings keine besondere Wirtsspezifität zu bestehen. Die obersten Blüten im Blütenstand sind häufig auffällig klein. Sie bleiben geschlossen und befruchten sich über Kleistogamie selbst. Die übrigen Blüten werden von Bienen bestäubt. Das gleiche Verhalten legt auch das nahverwandte Niedrige Leinblatt (*Thesium dollineri*) zu Tage. Die ökologischen Zeigerwerte nach Ellenberg sind:[1]

L7 - T6 - K4 - F3 - R8 - N2 - S0 - Ghp

Die Chromosomenzahl der Art ist 12.[2]

Einzelnachweise

[1] http://www.planto.de/gefaessdaten.php?nr=10882&Sn=b8da00c120ba305461f33d5c9ef88e5a

[2] http://cgi.uni-muenster.de/exec/Biologie.Botanik/karyodat-pflanzendaten.php?chromos_id=1367

Literatur

- Oskar Sebald, Siegmund Seybold & Georg Philippi (Hrsg.): *Die Farn- und Blütenpflanzen Baden-Württembergs, Band 4: Spezieller Teil (Spermatophyta, Unterklasse Rosiidae) Haloragaceae bis Apiaceae.* Seite 72, Ulmer, Stuttgart 1992. ISBN 3-8001-3315-6
- Dietmar Aichele, Heinz-Werner Schwegler: *Die Blütenpflanzen Mitteleuropas, Band 3, Nachtkerzengewächse bis Rötegewächse.* Seite 142, Franckh-Kosmos, Stuttgart 1995. ISBN 3-440-06193-0

Weblinks

- *Berg-Leinblatt.* (http://www.floraweb.de/pflanzenarten/artenhome.xsql?suchnr=5915&) In: *FloraWeb.de* (http://www.floraweb.de).
- Bild der Art auf alpenblumen.gabathuler.org (http://alpenblumen.gabathuler.org/detail.php?detail=bayrischerbergflachs)

Vorblattloses_Leinblatt

<table>
<tr><td colspan="2" align="center">Vorblattloses Leinblatt</td></tr>
<tr><td colspan="2" align="center">Systematik</td></tr>
<tr><td></td><td>Eudikotyledonen</td></tr>
<tr><td></td><td>Kerneudikotyledonen</td></tr>
<tr><td>Ordnung:</td><td>Sandelholzartige (Santalales)</td></tr>
<tr><td>Familie:</td><td>Sandelholzgewächse (Santalaceae)</td></tr>
<tr><td>Gattung:</td><td>Leinblätter (Thesium)</td></tr>
<tr><td>Art:</td><td>Vorblattloses Leinblatt</td></tr>
<tr><td colspan="2" align="center">Wissenschaftlicher Name</td></tr>
<tr><td colspan="2">Thesium ebracteatum</td></tr>
<tr><td colspan="2">Hayne</td></tr>
</table>

Das **Vorblattlose Leinblatt** (*Thesium ebracteatum*) ist eine Pflanzenart, die zur Familie der Sandelholzgewächse (Santalaceae) gehört.

Beschreibung

Das Vorblattlose Leinblatt ist eine sommergrüne, krautige, ausdauernde Pflanze, die Wuchshöhen zwischen 10 und 30 Zentimeter erreicht, mit langen, kriechenden Rhizomen und Ausläufern.[1] Der Halbschmarotzer entzieht anderen Pflanzen mittels Saugorganen im Wurzelbereich Nährstoffe.[2] Die Stängel tragen den traubigen Blütenstand und setzen sich über dem Blütenstand mit einem blütenlosen Blattschopf fort. Die Blüten erscheinen jeweils zusammen mit nur einem Hochblatt, die Vorblätter fehlen. Die Blütenhülle ist fünfzählig. Die ledrige Frucht ist kurz gestielt und zur Reifezeit länger als die verbleibende Blütenhülle.[1]

Die Blütezeit erstreckt sich von Mai bis Juni.[3] Die Samen werden von Ameisen verbreitet.[2]

Standort

Die Art hat ihren Verbreitungsschwerpunkt in Osteuropa und im östlichen Mitteleuropa, hauptsächlich zwischen dem 50. und 55. Breitengrad. Im Baltikum erreicht die Art einen nördlichen Vorposten. Nach Osten wird der Ural erreicht, einige Vorkommen existieren im asiatischen Teil Russlands. Im Westen liegt die Arealgrenze in Deutschland.[4]

Bevorzugt werden sommerwarme, meist saure und sandige Habitate. Meist wächst es in Gras- oder Heideflächen, etwa in Silbergrasfluren (*Corynephorion canescentis*) und bodensauren Trockenrasen (*Koelerio-Phleion phleoides*), kommt aber auch in Kiefernwäldern vor (*Cytiso-Pinion*).[3]

Gefährdung

In Deutschland sind nur noch vier Standorte bekannt, es wird demnach auf der Roten Liste als vom Aussterben bedroht geführt und ist nach Bundesartenschutzverordnung streng geschützt. Da es in Europa insgesamt selten und gefährdet ist, wird es im Anhang der Berner Konvention aufgeführt, ebenso in Anhang II und IV der Fauna-Flora-Habitat-Richtlinie.[2]

Einzelnachweise

[1] Henning Haeupler, Thomas Muer: *Bildatlas der Farn- und Blütenpflanzen Deutschlands.* Eugen Ulmer, Stuttgart 2000, ISBN 3-8001-3364-4, S. 340.

[2] *Thesium ebracteatum Hayne.* (http://www.bfn.de/0316_leinblatt.html) Bundesamt für Naturschutz, 4. April 2008, abgerufen am 24. Oktober 2009.

[3] Erich Oberdorfer, Theo Müller: *Pflanzensoziologische Exkursionsflora.* 7., überarb. und erg. Auflage. Ulmer, Stuttgart 1994, ISBN 3-8252-1828-7.

[4] Jaakko Jalas, Juha Suominen (Hrsg.): *Atlas Florae Europaeae. Distribution of Vascular Plants in Europe. 3. Salicaceae to Balanophoraceae.* Akateeminen Kirjakauppa, Helsinki 1976, ISBN 951-9108-02-5, S. 100.

Weblinks

- *Vorblattloses Leinblatt.* (http://www.floraweb.de/pflanzenarten/artenhome.xsql?suchnr=5920&) In: *FloraWeb.de* (http://www.floraweb.de).
- Verbreitungskarte (http://www.floraweb.de/MAP/scripts/esrimap.dll?name=florkart&cmd=mapflor&app=distflor&ly=gw&taxnr=5920) für Deutschland bei Floraweb (http://www.floraweb.de)

Mittleres_Leinblatt

<table>
<tr><td colspan="2" align="center">Mittleres Leinblatt</td></tr>
<tr><td colspan="2"></td></tr>
<tr><td colspan="2" align="center">Mittleres Leinblatt (Thesium linophyllon)</td></tr>
<tr><td colspan="2" align="center">Systematik</td></tr>
<tr><td></td><td>Eudikotyledonen</td></tr>
<tr><td></td><td>Kerneudikotyledonen</td></tr>
<tr><td>Ordnung:</td><td>Sandelholzartige (Santalales)</td></tr>
<tr><td>Familie:</td><td>Sandelholzgewächse (Santalaceae)</td></tr>
<tr><td>Gattung:</td><td>Leinblätter (Thesium)</td></tr>
<tr><td>Art:</td><td>Mittleres Leinblatt</td></tr>
<tr><td colspan="2" align="center">Wissenschaftlicher Name</td></tr>
<tr><td colspan="2">Thesium linophyllon</td></tr>
<tr><td colspan="2">L.</td></tr>
</table>

Das **Mittlere Leinblatt** (*Thesium linophyllon*) ist eine auch in Mitteleuropa heimische Pflanzenart aus der Familie der Sandelholzgewächse (Santalaceae).

Merkmale

Das Mittlere Leinblatt ist ein Geophyt mit unterirdischen Ausläufern. Es hat einen lockerrasigen Wuchs. Die Ausläufer haben eine gelblich-weißliche Farbe. Die Pflanze erreicht Wuchshöhen von 10 bis 30 (selten 40) cm. Die Laubblätter besitzen ein bis drei Nerven, selten bis fünf. Sie sind 1 bis 3 (selten 6) mm breit und von hell- bis gelbgrüner Farbe.[1]

Der Blütenstand ist eine Thyrse, die Teilblütenstände sind dabei vorwiegend zymös. Die Blüten haben einen Durchmesser von 4 bis 6 mm. Bei jeder Blüte sitzen drei Hochblätter: das Deckblatt und zwei Vorblätter. Der Blattstiel des Deckblattes ist mit dem Blütenstiel rekauleszent verwachsen, daher sitzt das Blatt an der Spitze des Blütenstiels, nicht an dessen Grund. Das Perigon ist fünfzipfelig (selten vierzipfelig). Blütezeit ist (Mai) Juni bis Juli.
[1]

Die Frucht hat über dem Hochblatt einen Stiel. Zur Fruchtreife ist das Perigon bis zum Grund eingerollt. Dadurch erscheint es als deutlich kürzer als die Frucht. [1]

Die Chromosomenzahl beträgt 2n = 14, 24. [2]

Ökologie

Das Mittlere Leinblatt ist ein Hemiparasit. Es wird durch Insekten bestäubt. Die Samenausbreitung erfolgt durch Ameisen. [2]

Verbreitung und Standorte

Das Mittlere Leinblatt ist in Eurasien beheimatet. Es hat eine submeridional/montane bis südtemperierte Verbreitung. [2]

In Deutschland kommt es zerstreut in Mittel- und Nordbayern, Südost-Rheinland-Pfalz, Thüringen, Südwest-Sachsen-Anhalt und Bremen vor, selten in Südbayern, Baden-Württemberg, Süd- und Mittelhessen, Nord- und Ost-Sachsen-Anhalt, Südost-Niedersachsen und Ost-Mecklenburg-Vorpommern. In Sachsen ist es ausgestorben. Insgesamt gehen die Bestände zurück. Es wächst in Trockenrasen und halblückigen Trockenrasen. [2]

Mittleres Leinblatt, Blüte

In Österreich kommt das Mittlere Leinblatt im Burgenland, in Wien, Nieder- und Oberösterreich, Steiermark und Tirol (Oberinntal) vor, das Vorkommen in Salzburg ist fraglich. Es ist als gefährdet eingestuft. In den Alpen und im nördlichen Alpenvorland gilt es als stark gefährdet. In Kärnten ist es ausgestorben. Im pannonischen Gebiet ist es häufig, ansonsten kommt es zerstreut bis selten vor. Es wächst in Halbtrocken- und Trockenrasen über Kalk in der collinen bis montanen Höhenstufe. [1]

Belege

[1] M. A. Fischer, K. Oswald, W. Adler: *Exkursionsflora für Österreich, Liechtenstein und Südtirol*. Dritte Auflage, Land Oberösterreich, Biologiezentrum der OÖ Landesmuseen, Linz 2008, ISBN 978-3-85474-187-9

[2] Werner Rothmaler: *Exkursionsflora von Deutschland. Band 4. Gefäßpflanzen: Kritischer Band*. 10. Auflage, Elsevier, München 2005, ISBN 3-8274-1496-2

Weblinks

- *Mittleres Leinblatt.* (http://www.floraweb.de/pflanzenarten/artenhome.xsql?suchnr=5922&) In: *FloraWeb.de* (http://www.floraweb.de).

Wiesen-Leinblatt

Wiesen-Leinblatt	
Systematik	
	Eudikotyledonen
	Kerneudikotyledonen
Ordnung:	Sandelholzartige (Santalales)
Familie:	Sandelholzgewächse (Santalaceae)
Gattung:	Leinblätter (*Thesium*)
Art:	Wiesen-Leinblatt
Wissenschaftlicher Name	
Thesium pyrenaicum	
Pourr.	

Das **Wiesen-Leinblatt** (*Thesium pyrenaicum*) auch **Wiesen-Vermeinkraut** oder **Pyrenäen-Vermeinkraut** ist eine Pflanzenart aus der Gattung Leinblätter (*Thesium*).

Beschreibung

Das Wiesen-Leinblatt ist eine hellgrüne, büschelig wachsende, ausdauernde krautige Pflanze, die Wuchshöhen von 10 bis 40 cm erreicht. Sie hat schräg aufrechte, am Grund mehr oder weniger gebogene Äste. Der Blütenstand ist allseitswendig. Die grünlich-weißen Blüten blühen zwischen Juni und August. Die Röhre der meist fünfzähligen Blütenhülle ist in etwa so lang wie die eingerollten Blütenzipfel. Die fruchttragenden Ästchen stehen mehr oder weniger waagerecht ab und sind länger als die Früchte.

Vorkommen und Standorte

Das Wiesen-Leinblatt ist in Mittel- und Südwesteuropa verbreitet, die Verbreitungsschwerpunkte befinden sich in den Gebirgen. Sie wächst auf Bergwiesen und Magerrasen, aber auch auf Halbtrockenrasen. Die bevorzugten Böden sind frische, mäßig basenreich, meist kalk- und nährstoffarme Lehmböden. In Deutschland ist sie selten und wird auf der Roten Liste des Bundesamtes für Naturschutz als „gefährdet" geführt.

Quellen

- Hans-Joachim Zündorf, Karl-Friedrich Günther, Heiko Korsch und Werner Westhus (Hrsg.): *Flora von Thüringen*. Weissdorn-Verlag, Jena 2006, ISBN 3-936055-09-2.

Weblinks

- *Wiesen-Leinblatt.* [1] In: *FloraWeb.de* [2].

References

[1] http://www.floraweb.de/pflanzenarten/artenhome.xsql?suchnr=5923&

[2] http://www.floraweb.de

Misteln

Misteln

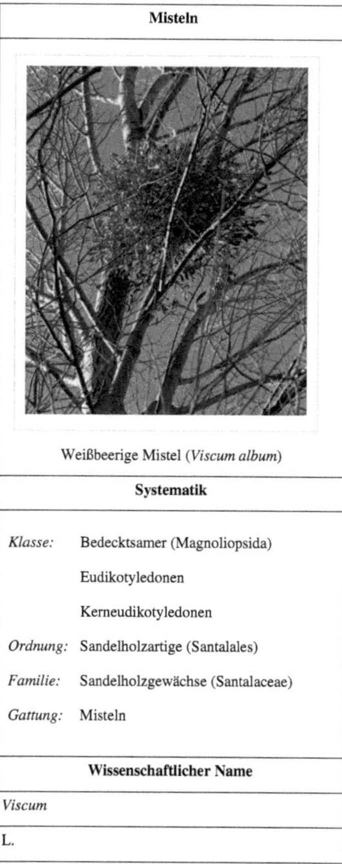

Weißbeerige Mistel (*Viscum album*)

Systematik

Klasse:	Bedecktsamer (Magnoliopsida)
	Eudikotyledonen
	Kerneudikotyledonen
Ordnung:	Sandelholzartige (Santalales)
Familie:	Sandelholzgewächse (Santalaceae)
Gattung:	Misteln

Wissenschaftlicher Name
Viscum
L.

Die **Misteln** der Gattung *Viscum* sind eine Pflanzengattung aus der Familie der Sandelholzgewächse (*Santalaceae*). Üblich ist allerdings, den mehr als drei Dutzend *Viscum*-Arten und den ihnen nahestehenden Gattungen wie z.B. *Arceuthobium* und *Korthalsella* den Rang einer eigenen Familie der Eigentlichen Mistelgewächse (*Viscaceae*) zuzubilligen. Daneben gibt es noch, vor allem in den Tropen und Subtropen, die noch wesentlich artenreichere Familie der Riemenblumengewächse (*Loranthaceae*), deren Mitglieder ebenfalls den gehölzparasitischen Lebensformtyp "Mistel" aufweisen.

Misteln in der gemäßigten Zone

Beschreibung und Verbreitung

Misteln sind immergrüne oder sommergrüne (z.B. *Loranthus*) ein- oder zweihäusige Halbschmarotzer, die auf Bäumen oder Sträuchern wachsen. Ihre Äste verzweigen sich oft gegabelig. Blätter erscheinen paarig oder in Wirteln. Bei einigen Arten, die zusätzlich zum Wasser auch ihre Nährstoffe vorwiegend von ihren Wirten beziehen, sind die grünen, zur Photosynthese fähigen Teile (Blätter, grüne Äste) sehr klein. Arten, die auf sukkulenten Wirten wachsen und so mit ihren Wirten saisonalen Wassermangel ertragen müssen, sind selbst sukkulent. Im Extremfall (bei *Viscum minimum*) befindet sich mit Ausnahme der Blüten die gesamte Pflanze innerhalb des Wirtes. Diese ist also ein Vollparasit.

2-jährige Mistel (grün) und die Gewöhnliche Gelbflechte

Die männlichen oder weiblichen Blüten der *Viscum*-Arten sind unscheinbar, 1 bis 3 mm im Durchmesser und grünlich gelb. Nach der Bestäubung durch Insekten und anschließend erfolgter Befruchtung entstehen weiße, gelbe oder rote Beerenfrüchte. In ihnen sind je einzelne Samen. Eine Besonderheit der Mistel-Früchte und Samen liegt darin, dass keine Samenschale ausgebildet wird. Stattdessen bildet das Mesokarp eine klebrige Schicht aus einer Substanz, die als Viscin bezeichnet wird. Das Viscin hat bei der Samenausbreitung zwei Funktionen: Eine Komponente ist glitschig, so dass die schleimumhüllten Samen schnell den Verdauungstrakt der Vögel

Mistel im Frühling

passieren. Zweitens ist das Viscin sehr klebrig und klebt die Samen an den Ästen der Wirtsbäume fest. Vögel breiten diese Samen aus, indem sie entweder nur das Fruchtfleisch fressen und die klebrigen Samen an benachbarten Zweigen abstreifen oder die ganzen Früchte fressen und die unverdauten Samen andernorts wieder ausscheiden. Bei der Keimung entsteht unter den winzigen Keimblättern ein "Schlauch" mit endständiger Scheibe, aus der sich bei Kontakt mit einem geeigneten Wirt auf noch glatter Rinde ein Haustorium entwickelt, durch das der Keimling zu den Leitbahnen der Wirtspflanze vordringen kann.

Misteln sind weltweit in den tropischen, subtropischen und gemäßigten Zonen verbreitet. Die Anzahl ihrer anerkannten Arten ist umstritten und beträgt je nach Familienabgrenzung zwischen rund 400 und über 1400.

Etymologie

Der botanische Name der artenreichen Gattung lautet *Viscum* (lat. für Leim oder Klebstoff). Von den Römern wurde aus den klebrigen Beeren Vogelleim hergestellt, der dem Vogelfang diente. Der Begriff Viskosität als ein Maß für die Zähflüssigkeit eines Fluids geht auf den klebrigen Schleim der Mistelbeeren (Mistelleim) zurück, bedeutet also wörtlich „Misteligkeit" oder „Leimigkeit".

Kulturgeschichte und Populärkultur

Das Küssen unter in Wohnungen aufgehängten Mistelzweigen gehört zu den Weihnachtsbräuchen in den USA.[1]

Ebenso findet der Mistelzweig eine symbolische Bedeutung in der germanischen Mythologie. Der Gott Loki tötet Balder, den Sohn Odins und Friggs, indem er dem blinden Hödr einen Mistelzweig auf den Bogen spannt und auf ihn zielen lässt. Misteln sind Balders "Achillesferse", da alle anderen Elemente der Erde geschworen haben, dem schönen, jungen Gott nichts zu Leide zu tun.

Misteln sind in allen Asterix-Comics ein Bestandteil des vom Druiden Miraculix gebrauten Zaubertranks. Erst die Misteln verleihen dem Trank und letztendlich den Galliern unglaubliche Kräfte zur Verteidigung des letzten, von den Römern noch nicht eingenommenen Dorfes.

Volkstümliche Bezeichnungen der Mistel sind Donnerbesen, Druidenfuß, Hexenbesen, Hexenkraut, Wintergrün, Bocksbutter, Albranken, Vogelkraut oder Kreuzholz.

In der alternativen Medizin wird Misteln eine antikarzinogene Wirkung nachgesagt, obwohl dies in zahlreichen Studien widerlegt wurde.

Arten (Auswahl)

- Weißbeerige Mistel (*Viscum album* L.): eine einheimische Pflanze.
- *Viscum articulatum*: wächst parasitisch auf dem Parasiten *Dendrophthoe*.
- *Viscum capitellum*: wächst parasitisch auf den Parasiten *Loranthus* sowie auf anderen *Viscum*-Arten.
- *Viscum coloratum*: früher als Unterart der Weißbeerigen Mistel angesehene Art in Ostasien (China, Korea, Japan).
- *Viscum crassulae*: sukkulente Art, die auf sukkulenten *Crassula*-Arten wächst.
- Rotfrüchtige Mistel (*Viscum cruciatum* Sieber ex Boiss.): im südlichen Spanien sowie, disjunkt, in Palästina endemisch.
- *Viscum cuneifolium*: auf Madagaskar endemische Art.
- *Viscum loranthi*: kommt in Nepal vor und wächst parasitisch auf dem Parasiten *Scurrula* .
- Zwergmistel (*Viscum minimum*): sukkulent, fast vollständig parasitisch und die kleinste Mistelart.
- *Viscum monoicum*: wird häufig von den eigenen Sämlingen parasitisch befallen.
- *Viscum orientale*: in Asien verbreitete Art.
- *Viscum ovalifolium*: recht groß werdende chinesische Art.
- *Viscum triflorum*: afrikanische Art, die auf vielen unterschiedlichen Wirten wächst.

Siehe auch

- Misteltherapie

Weiterführende Literatur

- Hans Christian Weber: *Parasitismus von Blütenpflanzen*, Wissenschaftliche Buchgesellschaft, Darmstadt 1993
- H. S. Heide-Jorgensen: *Parasitic Flowering Plants*. Brill Academic Publishers, 2008, ISBN 978-90-04-16750-6.

Einzelnachweise

[1] Zauberspiegel-online.de: Küsse unter dem Mistelzweig (http://www.zauberspiegel-online.de/index.php?option=com_content& task=view&id=670&Itemid=180)

Weblinks

- Zwergmistel und Rotfrüchtige Mistel im Botanischen Garten Heidelberg (http://www.botgart.uni-hd.de/ public/was_ist_los/tafeln/50.pdf) (PDF-Datei; 125 kB)
- Mistelgewächse im Botanischen Garten Bochum (http://www.ruhr-uni-bochum.de/boga/ FamViscaceaeBGBO.html)
- Die Mistel, TU Darmstadt (http://www.tu-darmstadt.de/fb/bio/bot/viscum/)
- Die Mistel - Eine alte Kultur- und Heilpflanze (http://heimat-pfalz.de/hans-wagners-naturseite/ 907-die-mistel-eine-alte-zauber-und-heilpflanze.html/)

Weißbeerige_Mistel

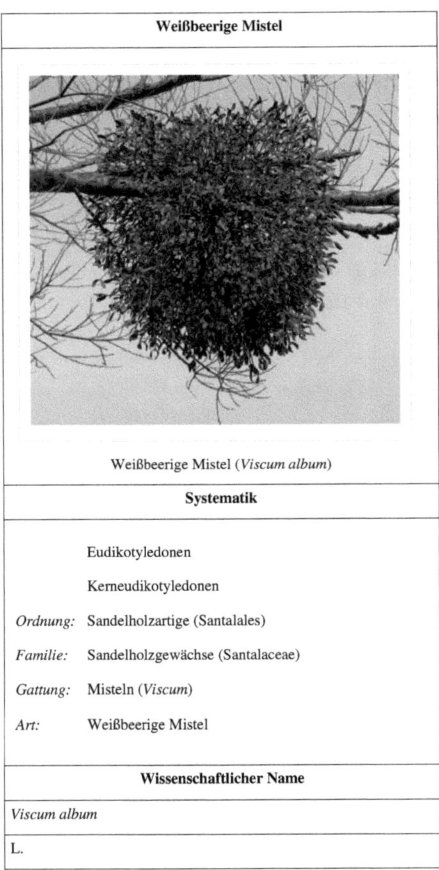

Weißbeerige Mistel

Weißbeerige Mistel (*Viscum album*)

Systematik

	Eudikotyledonen
	Kerneudikotyledonen
Ordnung:	Sandelholzartige (Santalales)
Familie:	Sandelholzgewächse (Santalaceae)
Gattung:	Misteln (*Viscum*)
Art:	Weißbeerige Mistel

Wissenschaftlicher Name

Viscum album

L.

Die **Weißbeerige Mistel** (*Viscum album*), auch **Weiße Mistel**, ist eine Pflanzenart in der Familie der Sandelholzgewächse (Santalaceae) oder auch einer eigenen Familie der Eigentlichen Mistel (*Viscaceae*). Sie ist eine der wenigen parasitisch lebenden Pflanzenarten Europas, die direkt an Sprossachsen der Wirtspflanzen parasitiert.

Beschreibung

Illustration.

männliche Blüte.

Erscheinungsbild und Blatt

Die Weißbeerige Mistel wächst als gelblich-grüne, immergrüne, strauchige, ausdauernde Pflanze. Dieser Halbschmarotzer sitzt auf den Ästen von Bäumen und entzieht Wasser und darin gelöste Mineralsalze aus deren Holzteil. Im Laufe der Jahre wachsen Misteln häufig zu kugeligen Büschen heran, die bis zu 1 Meter Durchmesser erreichen können. Die oft gleichmäßig gabelig verzweigten Sprossachsen der Mistel sind an den Knoten (Nodien) durch Furchen gegliedert und brechen dort leicht ab. An den Enden der Sprossachsen sitzen gegenständig die ungestielten Laubblätter, die mehrjährig sein können. Die lederige, einfache Blattspreite ist bei einer Länge von 2,5 bis 7 cm und einer Breite von 0,5 bis 3,5 cm elliptisch bis verkehrt-lanzettlich oder verkehrt-eiförmig mit stumpfem oberen Ende. Es sind drei bis fünf undeutliche Blattnerven vorhanden.

Blüte

Die Blütezeit der Weißbeerigen Mistel reicht bei günstiger Witterung in Mitteleuropa von Mitte Januar bis Anfang April. Die Weißbeerige Mistel ist zweihäusig getrenntgeschlechtig (diözisch). Drei bis fünf Blüten stehen in den obersten Blattachseln knäuelig beisammen. Die zwei Tragblätter sind 2 mm lang, konkav und bewimpert mit stumpfem oberen Ende. Die unscheinbaren, eingeschlechtigen Blüten sind sitzend. Die drei oder vier freien, dicken Blütenhüllblätter sind bei einer Länge von etwa 1 mm dreieckig und hinfällig. Die vier Staubblätter besitzen keine Staubfäden und die rückseitig mit den Blütenhüllblättern verwachsenen Staubbeutel öffnen sich mit vielen Poren. Die Pollenkörner sind untereinander durch zarte Viszinfäden verbunden, können also nicht vom Wind verfrachtet werden. Meist sind es Fliegen, die die Bestäubung vermitteln. Der unterständige Fruchtknoten ist bei einer Länge von etwa 2 mm verkehrt-eiförmig. Die sitzende Narbe ist bei einer Länge von etwa 1 mm konisch.

Frucht und Samen

Die weißen, etwas durchscheinenden, einsamigen Beeren sind bei einem Durchmesser von etwa 1 cm kugelig. Die 5 bis 6 mm langen Samen sind von einem weißen, zähen, schleimig klebrigen Fruchtfleisch (Pulpa) umgeben, wodurch die Verbreitung der Misteln durch Vögel (Verdauungsverbreitung) ermöglicht wird. Schon im einzelnen Samen bilden sich bei unserer Laubholz- und der südwesteuropäischen Rotbeerigen Mistel bis zu drei oder sehr selten vier grüne Embryonen aus.

Blätter, Blüten und Beere der Tannen-Mistel.

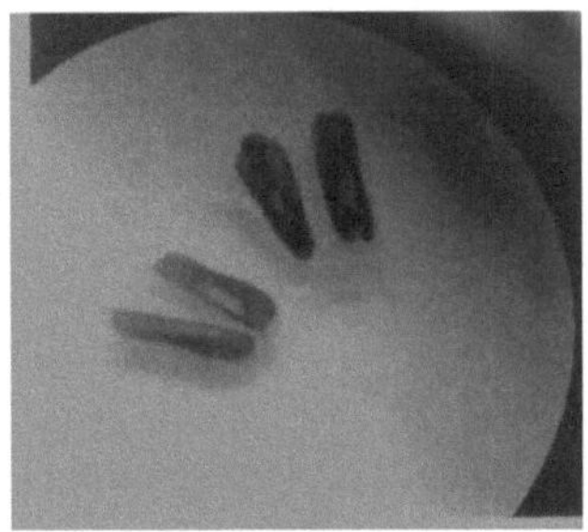

Embryonen der Weißen Mistel.

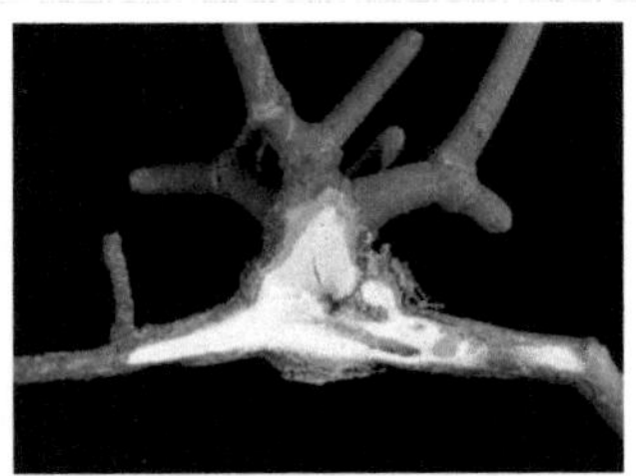

Schnitt durch einen Mistelbefall an Kiefer, deutlich sind die Abwehrbemühungen des Baumes durch Wucherung und Harzbildung zu erkennen.

Ökologie

Die Samen der Mistel werden durch Vögel verbreitet (Verdauungsverbreitung, Endozoochorie). Vögel, wie zum Beispiel der Specht oder der Eichelhäher fressen die weißen fleischigen Früchte der Mistel, können die Samen jedoch nicht verdauen. Deshalb werden diese zusammen mit dem Kot und Resten des klebrigen Nährgewebes wieder ausgeschieden und verfangen sich zusammen mit diesen in den Ästen der Bäume. Wenn der Samen dabei direkt auf einem Ast liegen bleibt, beginnt der Samen bald daraufhin zu keimen. Bei der Keimung wächst zunächst ein kleiner Stängel mit einer Haftscheibe aus dem Samen, aus der kurz nach der Keimung ein Saugfortsatz (Haustorium) in den Ast des Wirtes hinein wächst. Das Haustorium entwickelt sich im Laufe der Zeit zu einer Primärwurzel, die immer weiter in das Wirtsgewebe eindringt. Aus der Primärwurzel wachsen im folgenden Jahr sog. Senkerwurzeln, die bis in das Leitungsgewebe des Wirtes vordringen und selber auch wieder in der Lage sind, neue Senker sowie Wurzelsprosse auszubilden. Erst nachdem die Senkerwurzel die Leitungsbahnen des Wirtes erreicht haben, entwickelt sich die Mistel weiter. Nach einigen Jahren ist die Mistel dann so reich verzweigt, dass sie kugelige Büschel von bis zu einem Meter Durchmesser erreichen kann. Der Parasitismus der Mistel kann für die Wirtspflanze bedeuten, dass der Ast, auf dem die Mistel lebt, oder auch der ganze Baum abstirbt. Auf Obstplantagen kommt es häufig zu Ernteverlusten, wenn die Wirtspflanze nicht mehr ausreichend Nährstoffe zur Verfügung hat, um genügend Früchte auszubilden. [1]

Die Weiße Mistel ist einer der wenigen Hemiparasiten Mitteleuropas, der direkt auf dem Spross seiner Wirtspflanze parasitiert.

Die Pflanze ist bereits direkt nach der Keimung photosynthetisch aktiv und kann daher in diesem Entwicklungsstadium auch einige Jahre überdauern, wenn die Haustorien-Zellen die Leitungsbahnen der Wirtspflanze nicht erreichen können. Die Ursache, warum die Mistel in diesem Zustand verbleibt, ist bis heute nicht erforscht.

Eine weitere Besonderheit der Mistel ist, dass sie als photosynthetisch aktiver Halbschmarotzer ihrem Wirt eigentlich nur Wasser und Mineralsalze entziehen müsste, deshalb erstaunt es auch heute noch viele Forscher, dass sie dennoch die Leitungsbahnen für die organischen Substanzen (das Phloem) des Wirtes anzapft. Ob sie dabei dem Wirt auch Nährstoffe entzieht, wird im Moment noch kritisch diskutiert. [1]

Verbreitung

Das Verbreitungsgebiet der Weißbeerigen Mistel sind die wintermilden Regionen Südskandinaviens sowie Mittel- und Südeuropas. Dort gedeiht sie zerstreut auf Laubbäumen wie zum Beispiel verschiedenen Obstbaumarten, Linden, Ahorn oder Weißdorn bevorzugt an basenreichen Standorten. Neben *Viscum album* kommt in Südeuropa noch *Loranthus europaeus* L. vor. In Mitteleuropa wächst jedoch nur die Weiße Mistel. Um 1900 wurde die Mistel in den Vereinigten Staaten eingeschleppt oder vom Gärtner Luther Burbank bewusst eingebürgert und hat sich nördlich von San Francisco verbreitet. [1]

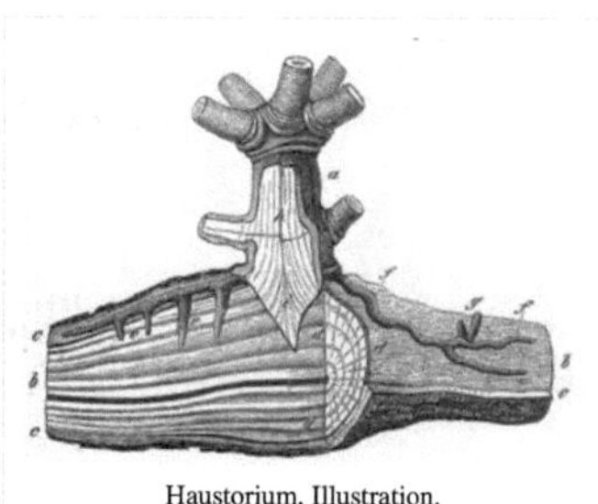

Haustorium, Illustration.

Unterarten

Nach der Bindung an unterschiedliche Wirtsbaumarten werden innerhalb der Art *Viscum album* mehrere Unterarten oder "Wirtsrassen" unterschieden:

- **Laubholz-Mistel** (*Viscum album* subsp. *album*) - auf Pappeln, Weiden, Apfelbäumen, Weißdorn, Birken, Haseln, Robinien, Linden, Ahornbäumen, amerik. Rot-Eiche, amerik. Schwarznuß, amerik. Eschen, Hainbuche und anderen, nicht aber zum Beispiel auf Rot-Buche, Süßkirsch- und Pflaumenbäumen, Walnußbaum, Platanen, Paulownien, Götterbäumen oder Magnolien.
- **Tannen-Mistel** (*Viscum album* subsp. *abietis*; Synonym *Viscum abietis*) - auf Weißtannen.
- **Kiefern-Mistel** (*Viscum album* subsp. *austriacum*; Synonym *Viscum laxum*) - auf Kiefern, sehr selten auf Fichten. Vorkommen in Süd- und Ostdeutschland (ab Iffezheim nordwärts, im und um den Nürnberger Reichswald; Brandenburg), Österreich (Wachau), Südtirol und Japan. [1]
- Im Jahr 2002 wurde mit der **Kretischen Mistel** (*Viscum album* subsp. *creticum*) eine weitere Unterart beschrieben, die als Endemit nur auf Kreta vorkommt und dort auf der Brutia-Kiefer (*Pinus halepensis* subsp. *brutia*) schmarotzt.[2]

Die früher gelegentlich als Unterart (*Viscum album* subsp. *coloratum*) geführte Koreanische oder **Japanische Mistel** wird dagegen heute als eigene Art (*Viscum coloratum*) angesehen.[3] Bei manchen Autoren gibt es die asiatische Unterart *Viscum album* subsp. *meridianum* (Danser) D.G.Long [4]

Giftigkeit

Die früher da und dort behauptete Giftigkeit der grünen Teile der Europäischen Mistel wird heute bestritten; Fütterungs- und Selbstversuche zeigten keinerlei Vergiftungssymptome. Die innen sehr zähschleimig-klebrigen Beeren der Laubholz-Rasse sollten nicht eingenommen werden.

Verwendung

Die Früchte vor allem der Eichenmistel (die allerdings zu einer anderen Gattung gehört) wurden früher wegen des klebrigen Mesokarps zur Herstellung von Vogelleim verwendet. In einigen europäischen Ländern ist diese Art des Vogelfangs immer noch ein beliebter Sport. Misteln eignen sich sehr gut für Wildgärten, da sie einfach anzupflanzen sind, denn es reicht aus, die frischen noch klebrigen Samen an eine junge Borke eines geeigneten Wirtsbaumes anzuheften.

Mythologie

Die Mistel war schon in der Mythologie des Altertums bekannt und wurde von den gallischen Priestern, den Druiden, als Heilmittel und zu kultischen Handlungen benutzt. Sie galt nicht nur als Wunderpflanze gegen Krankheiten, sondern wurde auch als Heiligtum verehrt, als Zeichen des immerwährenden Lebens. [1] Die Germanen glaubten, dass die Götter die Mistelsamen in die Bäume streuten, sie also ein Geschenk des Himmels wären. Auch heute noch werden einige alte Bräuche gepflegt. So ist die Mistel in einigen Ländern, wie beziehungsweise der Schweiz, ein Fruchtbarkeitssymbol. In England gibt es ein Ritual, dass ein Mistelzweig in der Weihnachtszeit über die Tür gehängt wird und die junge Dame, die sich unter diesem Mistelzweig befindet, auf der Stelle geküsst werden darf. In Frankreich wird ein Mistelzweig am Neujahr auch über die Tür gehängt und jedermann küsst die Verwandten und die Freunde darunter. Ein Spruch wird auch gesagt : *Au gui, l'an neuf*, das heißt „Mit dem Mistel kommt das Neujahr".

In der germanischen Mythologie wurde der Asengott Balder mit einem Mistelzweig getötet.

Sonstiges

- *Vergleiche auch:*
  - Eichenmistel, Riemenblume (*Loranthus europaeus*),
  - Zwergmistel (*Viscum minimum*) - Vollparasit/Endophyt im Inneren einiger kakteenähnlichen Wolfsmilch-Arten in Südafrika, mit roten Beeren,
  - Zwergmisteln im eigentlichen Sinne sind die blattlosen, unscheinbaren, aber forstlich teilweise schädlichen Arten der *Viscaceae*-Gattung *Arceuthobium*. Diese parasitieren nur in Nadelgehölzen. Sie sind über die ganze Nordhemisphäre verbreitet. Sie schleudern ihre Samen mit extremem Wasserdruck bis zu zwanzig Meter weit, ein im Pflanzenreich äußerst seltener Ausbreitungsmechanismus (*Canadian Journal of Botany*, Bd. 82, S. 1566). Besonders artenreich treten sie in Nordamerika auf. In Europa kommt aus dieser etwas über 30 Arten umfassenden Gattung nur die sehr unauffällige Wacholdermistel vor, zum Beispiel in Südfrankreich.

Literatur

- Priscilla Abdulla: *Loranthaceae* in der *Flora of Pakistan: Viscum album* - Online. [5]
- Ruprecht Düll, Herfried Kutzelnigg: *Taschenlexikon der Pflanzen Deutschlands. Ein botanisch-ökologischer Exkursionsbegleiter zu den wichtigsten Arten.* 6. völlig neu bearbeitete Auflage. Quelle und Meyer, Wiebelsheim 2005, ISBN 3-494-01397-7.
- Thomas Schauer: *Der BLV Pflanzenführer für unterwegs.* blv, München 2005, ISBN 3-405-16908-9.
- Hans Christian Weber: *Schmarotzer. Pflanzen die von anderen leben.* Belser, Stuttgart 1978, ISBN 3-7630-1834-4.
- Hans Christian Weber: *Parasitismus von Blütenpflanzen*, Wissenschaftliche Buchgesellschaft, Darmstadt 1993

Einzelnachweise

[1] album L. - Mistel (http://www.forst.tu-muenchen.de/EXT/LST/BOTAN/LEHRE/PATHO/HOHEPFL/viscum.htmlViscum)

[2] N. Böhling u. a.: *Notes on the Cretan mistletoe,* Viscum album *subsp.* creticum *subsp. nova (Loranthaceae/Viscaceae).* In: *Israel Journal of Plant Sciences* 50 (Supplement, 2002), S77–S84.

[3] *Viscum coloratum* in der "Flora of China" (http://www.efloras.org/florataxon.aspx?flora_id=2&taxon_id=200006585)

[4] *Viscum album Linnaeus subsp. meridianum (Danser) D. G. Long* in der "Flora of China". (http://www.efloras.org/florataxon. aspx?flora_id=2&taxon_id=242414826)

[5] http://www.efloras.org/florataxon.aspx?flora_id=5&taxon_id=200006582

Weblinks

- *Weißbeerige Mistel.* (http://www.floraweb.de/pflanzenarten/artenhome.xsql?suchnr=26634&) In: *FloraWeb.de* (http://www.floraweb.de).
- Karte des Gesamtareals. (http://linnaeus.nrm.se/flora/di/lorantha/viscu/viscalbv.jpg)
- www.mistletoe.org.uk - Britische Seite mit ausführlichen Informationen. (http://www.mistletoe.org.uk/home/index2.htm)
- www.giftpflanzen.com - Die Mistel als Giftpflanze. (http://www.giftpflanzen.com/viscum_album.html)
- www.botanischer-garten.uni-erlangen.de - Die Mistel: Geschichte und Naturschutz. (http://www.botanischer-garten.uni-erlangen.de/mistel_aus/mistel_aus.htm)
- Die Mistel als Heilpflanze. (http://www.awl.ch/heilpflanzen/viscum_album/index.htm)
- Bilder (http://www.forst.tu-muenchen.de/EXT/LST/BOTAN/LEHRE/PATHO/HOHEPFL/misteltub.html)

Zwergmistel

Zwergmistel

Zwergmistel (*Viscum minimum*)

Systematik

	Eudikotyledonen
	Kerneudikotyledonen
Ordnung:	Sandelholzartige (Santalales)
Familie:	Sandelholzgewächse (Santalaceae)
Gattung:	Misteln (*Viscum*)
Art:	Zwergmistel

Wissenschaftlicher Name

Viscum minimum

Harv.

Die **Zwergmistel** (*Viscum minimum*) ist eine Pflanzenart in der Gattung der Misteln aus der Familie der Sandelholzgewächse (Santalaceae). Es ist die kleinste aller Mistelarten.

Beschreibung und Vorkommen

Die Zwergmistel ist ein sukkulenter Schmarotzer, der in der Natur ausschließlich auf zwei nahe miteinander verwandten Wolfsmilcharten vorkommt: *Euphorbia horrida* Bois. und *Euphorbia polygona* Haw. Wohl als Anpassung an ihre sukkulenten Wirte und die saisonal sehr trockenen und heißen Umweltbedingungen lebt die Zwergmistel fast vollständig im Inneren der Wirtspflanzen. Dort bildet sie ein Geflecht von miteinander verbundenen Haustorien, das stellenweise die Epidermis der Wirte durchbricht. Die so an der Oberfläche der Wirte erscheinenden "Zweige" sind weniger als 3 mm lang und tragen winzige, nur mit einer Lupe erkennbare Schuppenblätter. Wegen der so nur sehr geringen Möglichkeit zur eigenen Photosynthese stellt die Art einen Vollschmarotzer dar, einen endophytischen Holoparasiten.

Entgegen manchen Angaben in der Literatur ist die Zwergmistel einhäusig. Ein und dieselbe Pflanze bringt also sowohl rein männliche als auch rein weibliche Blüten hervor. Die männlichen Blüten sind umgekehrt kegelförmig, etwa 1.5 mm dick und 2.5 mm lang, die weiblichen Blüten sind spindelförmig, etwa zwei mm dick und drei mm lang. Nach der Befruchtung schwillt der unterständige Fruchtknoten der weiblichen Blüte an und entwickelt sich zu einer bei Reife leuchtend rot gefärbten Beerenfrucht. Die Beeren enthalten jeweils nur ein Samenkorn, das vereinzelt - wie auch bei der europäischen Weißbeerigen Mistel - zwei Keimlinge enthalten kann. Auffallend ist der zähe, klebrige Saft, der den Samen im Fruchtfleisch umgibt. Dieser Zähschleim ist wichtig für die Ausbreitung auf andere geeignete Wirtspflanzen.

Die Verbreitung der Samen erfolgt durch Vögel, die das Fruchtfleisch fressen und die klebrigen Samen an anderen Pflanzen abstreifen. Bei der Keimung wird statt der Keimblätter ein schlauchförmiges Organ (Hypokotyl) mit endständiger Scheibe ausgebildet. Trifft diese Scheibe auf die Epidermis eines geeigneten Wirtes, tritt unterseits aus ihrer Mitte bald ein spitz zapfenförmiges primäres Haustorium, durch das der Keimling in die Wirtspflanze eindringt.

Keimung der Zwergmistel auf *Euphorbia horrida*

Frisch auf die Wirtspflanze gebracht, glänzt der Samen noch im klebrigen Saft.

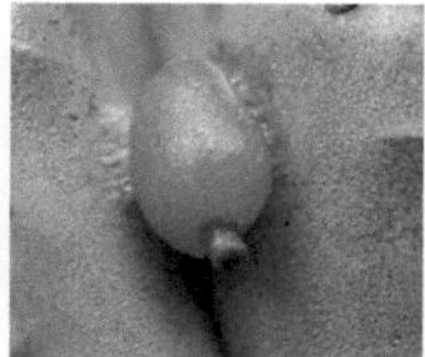

Nach vier Tagen ist die Scheibe am Ende des kurzen Schlauches erkennbar.

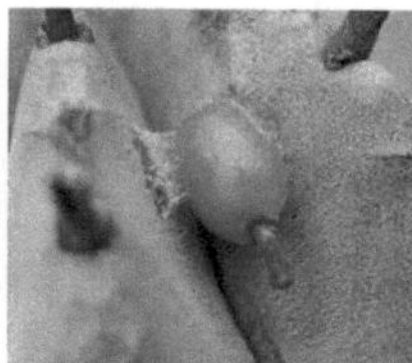

Nach zehn Tagen ist der Schlauch deutlich verlängert.

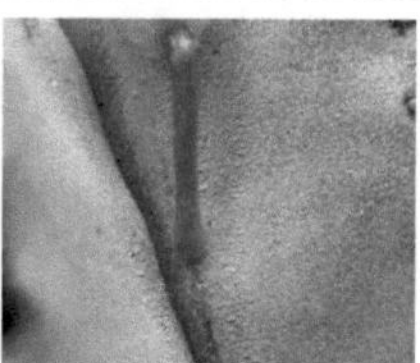

Nach 23 Tagen findet der erste Kontakt mit der Epidermis des Wirtes statt.

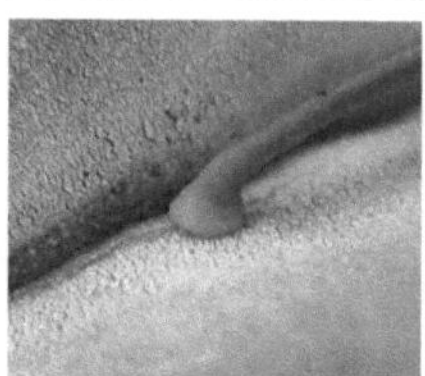

Nach 30 Tagen ist das primäre Haustorium voll entwickelt. Der Keimling kann in den Wirt eindringen.

Die Zwergmistel und ihre Wirte sind gut aneinander angepasst. Ansonsten gesunde Wirtspflanzen werden durch den Parasiten für einige Jahre nicht merklich beeinträchtigt.

Das Verbreitungsgebiet der Zwergmistel ist durch das ihrer Wirte begrenzt. Es reicht im Ostkap Südafrikas von Uitenhage und Albany bis in die Gegend um Willowmore.

Kultivierung

Die in der Natur nur auf den Wirtspflanzen *Euphorbia horrida* und *polygona* vorkommende Zwergmistel kann in Kultur auch auf weiteren, nahe verwandten Wolfsmilcharten aus der Untergattung *Rhizanthium* gehalten werden. Hierzu gehören u.a. *Euphorbia anoplia, fimbriata, inconstantia, ferox, mammillaris, pillansii, pulvinata, submammillaris* und *tubiglans.* Der Grund, warum diese anderen Arten nicht auch in der Natur infiziert werden, ist nicht ausreichend erforscht. Vermutlich stellt ein in der natürlichen Umgebung produzierter Bestandteil des Milchsaftes ein Abwehrmittel gegen den Parasiten dar, das jedoch unter Kulturbedingungen nicht oder nicht in ausreichender Menge produziert werden kann.

In der Regel werden auch die "unnatürlichen" Wirte nicht durch den Parasiten geschädigt. Da dieser jedoch ein zusätzlicher Verbraucher von Wasser und Nährstoffen ist, empfiehlt es sich, die Wirte ausreichend zu wässern und zu düngen und ihnen keine Extreme zuzumuten.

Beispiele für Wolfsmilcharten, auf denen die Zwergmistel erfolgreich kultiviert werden kann.

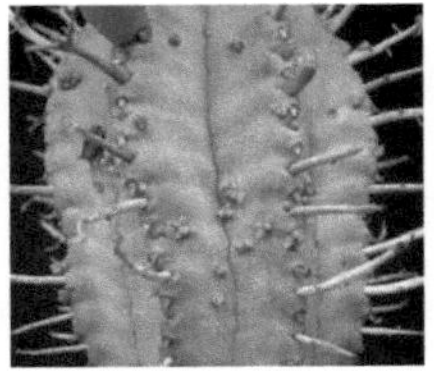

| *Euphorbia anoplia* | *Euphorbia ferox* | *Euphorbia pillansii* | *Euphorbia pulvinata* |

Da die Zwergmistel selbstkompatibel ist, können auf derselben Pflanze die weiblichen Blüten erfolgreich mit dem Blütenstaub der männlichen Blüten bestäubt werden. Einige Wochen nach der Befruchtung färben sich die inzwischen angeschwollenen Früchte leuchtend rot. Werden sie Ende Winter bis Anfang Frühling weich und etwas schrumpelig, sind sie vollreif und können geerntet werden.

Als neuer Wirt sollte eine schon etwas vorgetriebene Pflanze gewählt werden, die im Scheitel schon neuen Wuchs zeigt. Wird der Same dort in den Scheitel gesetzt, findet der Keimling dann eine weichere Epidermis, die sein Eindringen erleichtert. Da sich die Zwergmistel im späteren Wuchs vorwiegend nach unten ausbreitet, ist so auch gewährleistet, dass sie die gesamte Wirtspflanze gleichmäßig durchwächst. Nach dem "Andocken" des Keimlings durch das primäre Haustorium wächst der Parasit für längere Zeit ausschließlich im Inneren der Wirtspflanze. Bis seine ersten Blütenzweiglein an der Oberfläche sichtbar werden, können vier bis zwölf Monate vergehen. Sollte der Keimschlauch samt Haftscheibe inzwischen verwelkt sein, so ist dies nicht als ein Zeichen für oder gegen eine erfolgreiche Etablierung des Parasiten zu interpretieren.

Entwicklung von Blüten und Früchten der Zwergmistel auf einem bewurzelten Zweig der *Euphorbia tubiglans.*

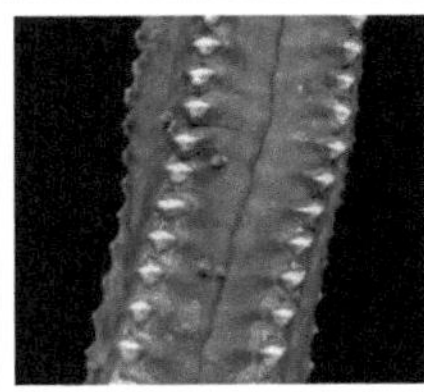

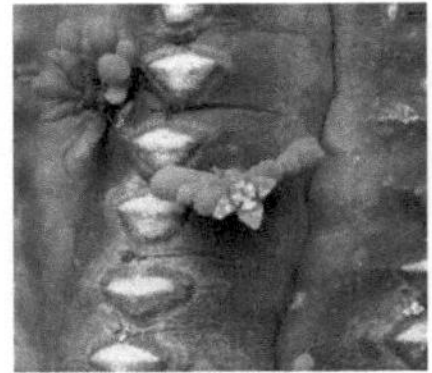
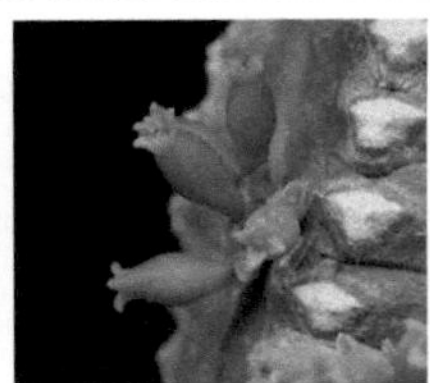

| Im Sommer ist die Zwergmistel kaum erkennbar. | Hauptblütezeit ist Herbst und Winter. | Männliche Blüten erscheinen meist zuerst. | Weibliche Blüten werden vorwiegend am Ende der Blütezeit gebildet. |

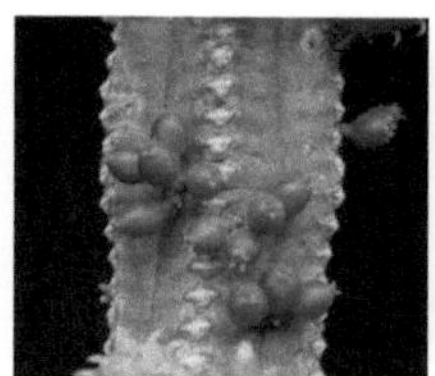

Nach Befruchtung schwellen die Fruchtknoten an.

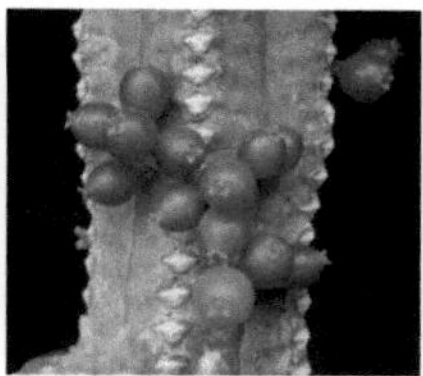

Bei Reife färben sich die Beeren leuchtend rot.

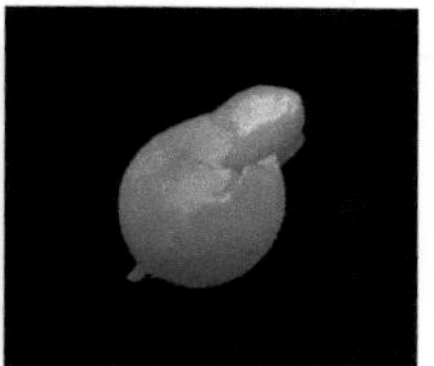

Werden die Beeren weich und schrumpelig, kann der Samen entnommen werden.

Alternativ kann die Zwergmistel auch durch Stecklinge der Wirtspflanzen vermehrt werden. Da sich die Wirte vorwiegend basisnah verzweigen, ist es zur Vorbereitung dieser Vermehrungsmethode sinnvoll, den Parasiten basisnah einwachsen zu lassen und die im Laufe der Zeit vom Parasiten durchwachsenen Äste als Stecklinge zu nehmen.

Literatur

- William Henry Harvey: Flora Capensis 2: 581
- Robert Allen Dyer: *Two Rare Parasites on Succulent Species of Euphorbia*, Euphorbia Review Vol. I (4): 29-32, 1935
- Thomas Goebel: *Viscum minimum Harvey in der Sukkulentensammlung der Stadt Zürich*, Kakteen und andere Sukkulenten 29 (1), 1978
- Frank K. Horwood: *Two parasites of Euphorbia: Viscum minimum and Hydnora africana*, The Euphorbia Journal, Vol 1: 45-48, 1983

Weblinks

- Steckbrief der Art. [1]
- Der Edelschmarotzer: Viscum minimum Harvey. [2] (PDF-Datei; 542 kB)

References

[1] http://www.ruhr-uni-bochum.de/boga/html/Viscum_minimum_Foto.html
[2] http://ogdresden.lithops.de/2004-4.pdf

Santalaceae

Sandelholzgewächse

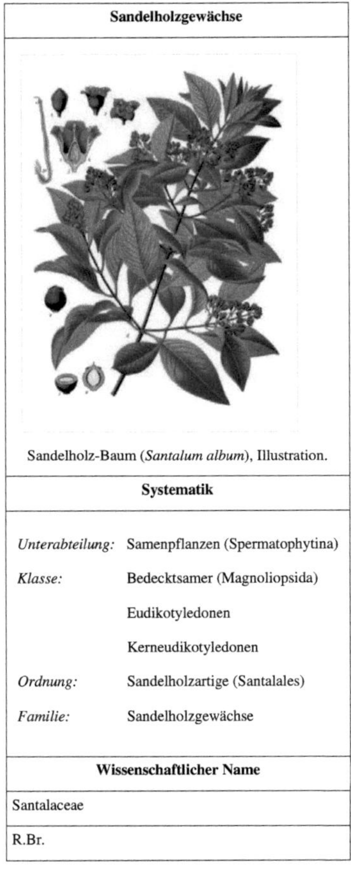

Sandelholz-Baum (*Santalum album*), Illustration.

Systematik

Unterabteilung:	Samenpflanzen (Spermatophytina)
Klasse:	Bedecktsamer (Magnoliopsida)
	Eudikotyledonen
	Kerneudikotyledonen
Ordnung:	Sandelholzartige (Santalales)
Familie:	Sandelholzgewächse

Wissenschaftlicher Name

Santalaceae

R.Br.

Die **Sandelholzgewächse** (Santalaceae) sind eine Familie der Bedecktsamigen Pflanzen (Magnoliopsida). Der Sandelholzbaum (*Santalum album*) liefert Sandelholz und Sandelholzöl. Bekannt sind auch die halbparasitischen Misteln (*Viscum*).

Verbreitung

Sie kommt weltweit, außerhalb kalter Gebiete vor. Besonders artenreich ist die Familie in den Tropen.

Beschreibung

Es sind meist verholzende Pflanzen: meistens Sträucher, selten Bäume; oder es sind parasitische krautige Pflanzen. Die Laubblätter sind meistens wechselständig. Nebenblätter sind keine vorhanden.

Sie sind meistens zweihäusig (diözisch), selten einhäusig (monözisch) getrenntgeschlechtig. Die sehr kleinen, radiärsymmetrischen Blüten sind zwittrig oder eingeschlechtig und sind drei- bis sechszählig (selten achtzählig). Es sind meistens drei, selten zwei, vier oder fünf, Fruchtblätter vorhanden. Der Fruchtknoten ist unterständig. Es werden Beeren, einsamige Steinfrüchte oder Nüsse gebildet.

Systematik

Die Familie enthält etwa 38 bis 44 Gattungen mit etwa (400 bis) 990 Arten.

• *Acanthosyris*	• *Kunkeliella*
• *Amphorogyne*	• *Leptomeria*
• *Antholobus*	• *Mida*
• *Arceuthobium*: Mit 42 Arten.	• *Myoschilos*
• *Buckleya*	• *Nanodea*
• *Cervantesia*	• *Nestronia*
• *Choretrum*	• *Notothixos*
• *Cladomyza*	• *Okoubaka*
• *Colpoon*	• *Omphacomeria*
• *Comandra*	• *Osyridocarpos*
• *Daenikera*	• Rutensträucher (*Osyris*)
• *Dendromyza*	• *Phacellaria*
• *Dendrophthora*: Mit 65 Arten.	• *Phoradendron*: Mit 235 Arten.
• *Dendrotrophe*	• *Pyrularia*
• *Dufrenoya*	• *Rhoiacarpos*
• *Elaphanthera*	• Sandelholzbäume (*Santalum*)
• *Exocarpos*	• *Scleropyrum*
• *Geocaulon*	• *Spirogardnera*
• *Ginalloa*	• *Thesidium*
• *Jodina*: Mit der einzigen Art:	• Leinblatt (*Thesium*): Mit 325 Arten.
• *Jodina rhombifolia* Hook. et Arn.	
• *Korthalsella*	• Misteln (*Viscum*): Mit 65 Arten.

Die Familie Santalaceae enthält heute alle Taxa der ehemaligen Familien der Anthobolaceae, Arceuthobiaceae, Canopodaceae, Eremolepidaceae, Lepidocerataceae, Exocarpaceae, Bifariaceae, Ginalloaceae, Osyridaceae, Phoradendraceae, Thesiaceae und Mistelgewächse (Viscaceae).

Quellen

- Die Familie der Santalaceae [1] bei der APWebsite [2] (engl.)
- Die Familie der Santalaceae [3] bei DELTA von L.Watson and M.J.Dallwitz. [4]
- Die Familie der Santalaceae bei Parasitische Pflanzen. [5]

Literatur

- Daniel L. Nickrent & Lytton J. Musselman: *Introduction to Parasitic Flowering Plants.* In: *The Plant Health Instructor*, 2004. DOI: 10.1094/PHI-I-2004-0330-01 [6]

Article Sources and Contributors

Arceuthobium laricis   Source: http://de.wikipedia.org/w/index.php?title=Arceuthobium_laricis   Contributors: Aka, JFKCom, Rbrausse, Uwe Gille

Zwergmisteln   Source: http://de.wikipedia.org/w/index.php?title=Zwergmisteln   Contributors: Aka, Blech, Dodo67, IKAl, JFKCom, Jeremiah21, MPF-UK, Spuk968, Uwe Gille, 1 anonymous edits

Sandelholzgewächse   Source: http://de.wikipedia.org/w/index.php?title=Sandelholzgew%C3%A4chse   Contributors: Aka, Andim, Bdk, Blablapapa, Carstor, ChristianBier, Conversion script, DrDrMarquardt, Franz Xaver, Harro von Wuff, Hydro, JFKCom, Michael w, Olaf Studt, Ottomanisch, RobertLechner, Rufus46, Schewek, Tigerente, Tk, 3 anonymous edits

Westamerikanische_Lärche   Source: http://de.wikipedia.org/w/index.php?title=Westamerikanische_L%C3%A4rche   Contributors: Aka, Bahnmoeller, FEXX, HaSee, Hans-Jürgen Hübner, Haplochromis, IKAl, Ixitixel, JFKCom, Jonathan Groß, KingLion, MPF-UK, Muscari, Nichtbesserwisser, Rufus46, Störfix, TP12, Ticketautomat, Tigerente, UKGB, 2 anonymous edits

Diözie   Source: http://de.wikipedia.org/w/index.php?title=Di%C3%B6zie   Contributors: Aglarech, BCB, Blablapapa, Blue Sky, Boronian, Bötsy, Carstor, Exil, Fador, Fgb, Gerbil, Griensteidl, Hanno Sandvik, Hystrix, Ixitixel, JFKCom, Jka, Kku, Leithian, Mideal, Old Death, Pharaoh han, Rasbak, Rax, Reinhardhauke, Schewek, Shugal, Tangopaso, Tlustulimu, Vic Fontaine, Wolfgang1018, Yazee, 18 anonymous edits

Frucht   Source: http://de.wikipedia.org/w/index.php?title=Frucht   Contributors: A.Savin, Aglarech, Aka, Amodorrado, Avoided, Ayacop, BLueFiSH.as, Ben-Zin, Boronian, Coatilex, Corona Australis, Crux, Cyper, Danjela, DerHexer, Diba, Don Magnifico, Dundak, Enslin, Epbechthold, Ericsteinert, Farid, Franz Xaver, Gerbil, Gnu1742, Graphikus, Griensteidl, Hans J. Castorp, Heiko.stark, Heinte, Helmut Kartoffel, Howwi, Hozro, Hydro, Ies, JFKCom, Jaellee, Jed, Jivee Blau, Joey-das-WBF, Karl-Henner, Kersti Nebelsiek, Kibert, Kku, Krawi, Kurator, Langspeed, Lascivi, LeCornichon, Lehnni, Lexikon24, Liuthalas, Llonniznarf, Martin-vogel, Mbc, Michail, Mikue, Mo4jolo, Muscari, Napa, Neuronal, Nina, Noder4, O.Koslowski, Olaf Studt, Olei, Oliver S.Y., Peter200, Peterwilhelm, Pez, PhJ, Pharaoh han, Pill, Pittimann, Rainer Zenz, Ravens Bride, Romanm, Rufus46, S.Didam, Sabine0111, Schewek, Schlurcher, Serglo, Silberchen, Sinn, Slomox, Solid State, Speuzchappe, Supermartl, Till.niermann, Tkarcher, Tlustulimu, Ulm, Umweltschützen, VerwaisterArtikel, W!B:, WAH, Wangen, Wirtnix, Wolfgang1018, Wst, Zaibatsu, Zinnmann, 121 anonymous edits

Okoubaka aubrevillei   Source: http://de.wikipedia.org/w/index.php?title=Okoubaka_aubrevillei   Contributors: Aka, Andante, Ar291, Chrislb, Complex, Gleiberg, Griensteidl, Ies, JFKCom, Juranaut, Llez, Mikano, Olaf Studt, 12 anonymous edits

Phoradendron   Source: http://de.wikipedia.org/w/index.php?title=Phoradendron   Contributors: Aka, JFKCom, Jeremiah21, Wilson44691, 1 anonymous edits

Juan-Fernández-Sandelbaum   Source: http://de.wikipedia.org/w/index.php?title=Juan-Fern%C3%A1ndez-Sandelbaum   Contributors: JFKCom, Melly42, Telim tor

Alpen-Leinblatt   Source: http://de.wikipedia.org/w/index.php?title=Alpen-Leinblatt   Contributors: Cactus26, Epipactis, Muscari, RLJ, Rufus46, Seysi, Tigerente, Umherirrender

Berg-Leinblatt   Source: http://de.wikipedia.org/w/index.php?title=Berg-Leinblatt   Contributors: Epipactis, Googolplexian1221, Ixitixel, Leo Michels, Nina, Seysi, 1 anonymous edits

Vorblattloses_Leinblatt   Source: http://de.wikipedia.org/w/index.php?title=Vorblattloses_Leinblatt   Contributors: Bergfalke2, Bücherwürmlein, Dietzel, Gavin Mitchell, Giftmischer, Griensteidl, Hydro, Nepomucki, Olaf Studt, RLJ, 2 anonymous edits

Mittleres_Leinblatt   Source: http://de.wikipedia.org/w/index.php?title=Mittleres_Leinblatt   Contributors: Accipiter, Griensteidl, Reinhardhauke

Wiesen-Leinblatt   Source: http://de.wikipedia.org/w/index.php?title=Wiesen-Leinblatt   Contributors: Aka, Carstor, Muscari, Raz1el, Tigerente

Misteln   Source: http://de.wikipedia.org/w/index.php?title=Misteln   Contributors: 9of17, A.Savin, Abdull, Achim Raschka, Agathenon, Aka, Avoided, BesondereUmstaende, Bine59, Blablapapa, Blaufisch, Boronian, Chatter, Chin tin tin, Chrisfrenzel, Colognese, Dietzel, Dissident, Drahkrub, Drahreg01, GT1976, Grabenstedt, Griensteidl, He3nry, Helgo BRAN, Ies, Inkowik, JFKCom, Jemu, Jón, KaHe, Kajjo, Kolossos, Lagopus, Loth, M0rph, Martin Moritzi, NKo, Nipisiquit, Olaf Studt, Ottomanisch, PeeCee, Pelz, Pendulin, Perrak, Phil41, Primus von Quack, Regi51, Revvar, Roo1812, S3r0, Schaude, Schmitty, Seysi, Slartibartfass, Southpark-muss-lieber-werden, Spiegeleiteig, Stefan, Strolch1983, Tobias1983, Umweltschützen, Uwe Gille, Vizu, WAH, Wahldresdner, Wolfgang1018, ³²P, 97 anonymous edits

Weißbeerige_Mistel   Source: http://de.wikipedia.org/w/index.php?title=Wei%C3%9Fbeerige_Mistel   Contributors: 32X, Aineias, Aka, AxelHH, Bdk, Bera, Bertonymus, Betty400, Blablapapa, Bouwe Brouwer, Brya, Cactus26, CdaMVvWgS, Chrisfrenzel, Ckeen, DB1BMN, DF, Dancer59, DerGraph, Dornbusch, Fiona 500, Franz Xaver, Georg Slickers, Griensteidl, HRoestTypo, Hadhuey, HaeB, Hanna, Hanson59, Harpagophytum, Helgo BRAN, Hermannthomas, Hydro, Ies, Invisigoth67, J.-H. Janßen, Jergen, Jodoform, Johann Jaritz, Jordi, Karl-Henner, Kku, Klaus Frisch, Koppi2, Kuebi, Leoloewe, LoKiLeCh, Lordus, M mb, Martin Sell, Melancholie, Mh26, Michael w, Migas, Mike Krüger, Nina, Nipisiquit, Noebse, Nortmannus, Oberfoerster, Paddy, Perrak, Peter200, Peter743, Phil41, Picapica, Plettman, Pm, RokerHRO, Saibo, Seewolf, Sipalius, Southpark-muss-lieber-werden, TF240576, Template namespace initialisation script, TheK, Thommess, Thorald vom Berg, Tigerente, Tonk, Trismegista, UGutteck, Uwe Gille, Wahldresdner, Wesener, WikiMax, Woches, Wst, YourEyesOnly, Zinnmann, 92 anonymous edits

Zwergmistel   Source: http://de.wikipedia.org/w/index.php?title=Zwergmistel   Contributors: Aka, Badlydrawnboy22, BuSchu, Filzstift, Gancho, Goodgirl, Griensteidl, Helgo BRAN, Ies, Mike Krüger, Phil41, Roo1812, Tresckow, Uwe Gille, 1 anonymous edits

Santalaceae   Source: http://de.wikipedia.org/w/index.php?title=Santalaceae   Contributors: Aka, Andim, Bdk, Blablapapa, Carstor, ChristianBier, Conversion script, DrDrMarquardt, Franz Xaver, Harro von Wuff, Hydro, JFKCom, Michael w, Olaf Studt, Ottomanisch, RobertLechner, Rufus46, Schewek, Tigerente, Tk, 3 anonymous edits

Image Sources, Licenses and Contributors

Datei:Arceuthobium laricis.jpg *Source*: http://de.wikipedia.org/w/index.php?title=Datei:Arceuthobium_laricis.jpg *License*: unknown *Contributors*: USDA Forest Service Archive, USDA Forest Service, Bugwood.org

Datei:Arceuthobium oxycedri2.jpeg *Source*: http://de.wikipedia.org/w/index.php?title=Datei:Arceuthobium_oxycedri2.jpeg *License*: unknown *Contributors*: User:Erfil

Datei:Koeh-128.jpg *Source*: http://de.wikipedia.org/w/index.php?title=Datei:Koeh-128.jpg *License*: unknown *Contributors*: Franz Eugen Köhler, Köhler's Medizinal-Pflanzen

Datei:Larix occidentalis.jpg *Source*: http://de.wikipedia.org/w/index.php?title=Datei:Larix_occidentalis.jpg *License*: unknown *Contributors*: MPF, Martin H.

Datei:Larix occidentalis1.jpg *Source*: http://de.wikipedia.org/w/index.php?title=Datei:Larix_occidentalis1.jpg *License*: unknown *Contributors*: MPF, Martin H.

Datei:Larix_occidentalis_leaves_cones.jpg *Source*: http://de.wikipedia.org/w/index.php?title=Datei:Larix_occidentalis_leaves_cones.jpg *License*: unknown *Contributors*: MPF, Oneblackline

Datei:Larix occidentalis UKtallest.jpg *Source*: http://de.wikipedia.org/w/index.php?title=Datei:Larix_occidentalis_UKtallest.jpg *License*: unknown *Contributors*: MPF, Oneblackline

Datei:Forest fruits from Barro Colorado.png *Source*: http://de.wikipedia.org/w/index.php?title=Datei:Forest_fruits_from_Barro_Colorado.png *License*: unknown *Contributors*: Photos courtesy of Christian Ziegler.

Datei:Autumn Red peaches.jpg *Source*: http://de.wikipedia.org/w/index.php?title=Datei:Autumn_Red_peaches.jpg *License*: unknown *Contributors*: Jack Dykinga, USDA

Datei:Fruits Luc Viatour.jpg *Source*: http://de.wikipedia.org/w/index.php?title=Datei:Fruits_Luc_Viatour.jpg *License*: unknown *Contributors*: user:Lviatour

Datei:La Boqueria.JPG *Source*: http://de.wikipedia.org/w/index.php?title=Datei:La_Boqueria.JPG *License*: unknown *Contributors*: User:Dungodung

Datei:Okoubaka_aubrevillei_002.jpg *Source*: http://de.wikipedia.org/w/index.php?title=Datei:Okoubaka_aubrevillei_002.jpg *License*: unknown *Contributors*: H. Zell

Datei:Okoubaka aubrevillei 001.jpg *Source*: http://de.wikipedia.org/w/index.php?title=Datei:Okoubaka_aubrevillei_001.jpg *License*: unknown *Contributors*: H. Zell

Datei:Phoradendron_juniperinum_2.jpg *Source*: http://de.wikipedia.org/w/index.php?title=Datei:Phoradendron_juniperinum_2.jpg *License*: unknown *Contributors*: User:Stan Shebs

Bild:Phoradendron_californicum_4.jpg *Source*: http://de.wikipedia.org/w/index.php?title=Datei:Phoradendron_californicum_4.jpg *License*: unknown *Contributors*: User:Stan Shebs

Bild:Phoradendron_flavescens_01075t.JPG *Source*: http://de.wikipedia.org/w/index.php?title=Datei:Phoradendron_flavescens_01075t.JPG *License*: unknown *Contributors*: Jmabel, MPF, Wsiegmund

Bild:Phoradendron californicum 031611.jpg *Source*: http://de.wikipedia.org/w/index.php?title=Datei:Phoradendron_californicum_031611.jpg *License*: unknown *Contributors*: User:Wilson44691

Datei:Thesium alpinum01.jpg *Source*: http://de.wikipedia.org/w/index.php?title=Datei:Thesium_alpinum01.jpg *License*: unknown *Contributors*: User:Tigerente

Datei:Thesium linophyllon 2.jpg *Source*: http://de.wikipedia.org/w/index.php?title=Datei:Thesium_linophyllon_2.jpg *License*: unknown *Contributors*: User:Franz Xaver

Datei:Thesium linophyllon (Mittel-Leinblatt) IMG 7310.JPG *Source*: http://de.wikipedia.org/w/index.php?title=Datei:Thesium_linophyllon_(Mittel-Leinblatt)_IMG_7310.JPG *License*: unknown *Contributors*: User:HermannSchachner

Datei:MistletoeInSilverBirch-RZ.jpg *Source*: http://de.wikipedia.org/w/index.php?title=Datei:MistletoeInSilverBirch-RZ.jpg *License*: unknown *Contributors*:

Datei:Mehrere Misteln.JPG *Source*: http://de.wikipedia.org/w/index.php?title=Datei:Mehrere_Misteln.JPG *License*: unknown *Contributors*: Benutzer:Chin tin tin

Datei:Mistel 1.png *Source*: http://de.wikipedia.org/w/index.php?title=Datei:Mistel_1.png *License*: unknown *Contributors*: Benutzer:Bine59

File:Омела 27 апреля Харьков Vizu.JPG *Source*: http://de.wikipedia.org/w/index.php?title=Datei:Омела_27_апреля_Харьков_Vizu.JPG *License*: unknown *Contributors*: Victor Vizu

Datei:Weiße Mistel.jpg *Source*: http://de.wikipedia.org/w/index.php?title=Datei:Weiße_Mistel.jpg *License*: unknown *Contributors*: Koppi2

Datei:Illustration Viscum album0.jpg *Source*: http://de.wikipedia.org/w/index.php?title=Datei:Illustration_Viscum_album0.jpg *License*: unknown *Contributors*: Donarreiskoffer, Ies, Kilom691, Pmx, Rtc

Datei:Viscum-album(flower).jpg *Source*: http://de.wikipedia.org/w/index.php?title=Datei:Viscum-album(flower).jpg *License*: unknown *Contributors*: Ies, Pmx, Rigolithe

Datei:Viscum album.jpg *Source*: http://de.wikipedia.org/w/index.php?title=Datei:Viscum_album.jpg *License*: unknown *Contributors*: Benutzer:Hanson59

Datei:Embryonen der Mistel.jpg *Source*: http://de.wikipedia.org/w/index.php?title=Datei:Embryonen_der_Mistel.jpg *License*: unknown *Contributors*: Betty400

Datei:Kiefern-Mistel.jpg *Source*: http://de.wikipedia.org/w/index.php?title=Datei:Kiefern-Mistel.jpg *License*: unknown *Contributors*: User:Gerhard Elsner

Datei:Haustorium Mistel Sachs.jpg *Source*: http://de.wikipedia.org/w/index.php?title=Datei:Haustorium_Mistel_Sachs.jpg *License*: unknown *Contributors*: Julius Sachs (1832-1897)

Datei:Viscum minimum2 ies.jpg *Source*: http://de.wikipedia.org/w/index.php?title=Datei:Viscum_minimum2_ies.jpg *License*: unknown *Contributors*: Frank Vincentz

Bild:Viscum minimum horrida tag00 ies.jpg *Source*: http://de.wikipedia.org/w/index.php?title=Datei:Viscum_minimum_horrida_tag00_ies.jpg *License*: unknown *Contributors*: Frank Vincentz

Bild:Viscum minimum horrida tag04 ies.jpg *Source*: http://de.wikipedia.org/w/index.php?title=Datei:Viscum_minimum_horrida_tag04_ies.jpg *License*: unknown *Contributors*: Frank Vincentz

Bild:Viscum minimum horrida tag10 ies.jpg *Source*: http://de.wikipedia.org/w/index.php?title=Datei:Viscum_minimum_horrida_tag10_ies.jpg *License*: unknown *Contributors*: Frank Vincentz

Bild:Viscum minimum horrida tag23 ies.jpg *Source*: http://de.wikipedia.org/w/index.php?title=Datei:Viscum_minimum_horrida_tag23_ies.jpg *License*: unknown *Contributors*: Frank Vincentz

Bild:Viscum minimum horrida tag30 ies.jpg *Source*: http://de.wikipedia.org/w/index.php?title=Datei:Viscum_minimum_horrida_tag30_ies.jpg *License*: unknown *Contributors*: Frank Vincentz

Bild:Viscum minimum anoplia.jpg *Source*: http://de.wikipedia.org/w/index.php?title=Datei:Viscum_minimum_anoplia.jpg *License*: unknown *Contributors*: Frank Vincentz

Bild:Viscum minimum ferox.jpg *Source*: http://de.wikipedia.org/w/index.php?title=Datei:Viscum_minimum_ferox.jpg *License*: unknown *Contributors*: Frank Vincentz

Bild:Viscum minimum pillansii.jpg *Source*: http://de.wikipedia.org/w/index.php?title=Datei:Viscum_minimum_pillansii.jpg *License*: unknown *Contributors*: Frank Vincentz

Bild:Viscum minimum pulvinata ies.jpg *Source*: http://de.wikipedia.org/w/index.php?title=Datei:Viscum_minimum_pulvinata_ies.jpg *License*: unknown *Contributors*: Frank Vincentz

Bild:Viscum_minimum1_ies.jpg *Source*: http://de.wikipedia.org/w/index.php?title=Datei:Viscum_minimum1_ies.jpg *License*: unknown *Contributors*: Frank Vincentz

Bild:Viscum_minimum2_ies.jpg *Source*: http://de.wikipedia.org/w/index.php?title=Datei:Viscum_minimum2_ies.jpg *License*: unknown *Contributors*: Frank Vincentz

Bild:Viscum_minimum3_ies.jpg *Source*: http://de.wikipedia.org/w/index.php?title=Datei:Viscum_minimum3_ies.jpg *License*: unknown *Contributors*: Frank Vincentz

Bild:Viscum_minimum4_ies.jpg *Source*: http://de.wikipedia.org/w/index.php?title=Datei:Viscum_minimum4_ies.jpg *License*: unknown *Contributors*: Frank Vincentz

Bild:Viscum_minimum5_ies.jpg *Source*: http://de.wikipedia.org/w/index.php?title=Datei:Viscum_minimum5_ies.jpg *License*: unknown *Contributors*: Frank Vincentz

Bild:Viscum_minimum6_ies.jpg *Source*: http://de.wikipedia.org/w/index.php?title=Datei:Viscum_minimum6_ies.jpg *License*: unknown *Contributors*: Frank Vincentz

Bild:Viscum_minimum7_ies.jpg *Source*: http://de.wikipedia.org/w/index.php?title=Datei:Viscum_minimum7_ies.jpg *License*: unknown *Contributors*: Frank Vincentz

Printed by Books on Demand GmbH, Norderstedt / Germany